HISTOIRE NATURELLE

DES

OISEAUX

DES REPTILES ET DES POISSONS

PAR

L'ABBÉ J.-J. BOURASSÉ

Ouvrage orné de nombreuses gravures

TOURS

ALFRED MAME ET FILS

ÉDITEURS

BIBLIOTHÈQUE

DE LA

JEUNESSE CHRÉTIENNE

APPROUVÉE

PAR Mgr L'ARCHEVÊQUE DE TOURS

—

2ᵉ SÉRIE IN-12

HISTOIRE NATURELLE

DES

OISEAUX

DES REPTILES ET DES POISSONS

PAR M. L'ABBÉ J.-J. BOURASSÉ

Professeur de zoologie au Petit Séminaire de Tours

OUVRAGE APPROUVÉ

PAR LE CONSEIL DE L'INSTRUCTION PUBLIQUE

SEIZIÈME ÉDITION

TOURS

ALFRED MAME ET FILS, ÉDITEURS

1879

EXTRAIT DU RAPPORT

SUR

L'HISTOIRE NATURELLE DES OISEAUX

DES REPTILES ET DES POISSONS

FAIT AU CONSEIL ROYAL DE L'INSTRUCTION PUBLIQUE

Dans une introduction dont les idées nous ont paru justes, l'auteur établit une comparaison entre la méthode artificielle et la méthode naturelle, et, sans dédaigner les services rendus par la première, il donne avec raison la préférence à la seconde, en regrettant toutefois d'y trouver encore tant de lacunes et d'anomalies.

Les changements qu'il a cru devoir introduire dans quelques parties de la classification nous ont semblé judicieux; mais nous regarderions comme une témérité de nous prononcer sur leur mérite absolu.

Les descriptions sont exactes : il y a de l'in-

térêt dans les détails que l'auteur a recueillis
sur l'instinct, les mœurs et l'utilité des animaux dont il parle dans son livre : il a évité le
défaut de trop multiplier les termes techniques
et les dissertations sur l'histoire de la science.
Nous devons louer l'auteur d'avoir su prendre
un parti, et d'avoir reconnu que les discussions
doivent être bannies des ouvrages élémentaires.
Nous ajouterons qu'il a trouvé que l'histoire
naturelle était assez attrayante par elle-même
pour ne pas y ajouter ces récits merveilleux ou
romanesques dont la véritable science a fait depuis longtemps justice.

L'*Histoire naturelle des oiseaux, des reptiles
et des poissons* est un ouvrage instructif, intéressant, qui peut servir pour l'enseignement
dans les écoles normales, et qu'on peut distri-
buer dans les écoles primaires supérieures, soit
comme prix, soit comme ouvrage de biblio-
thèque.

INTRODUCTION

Les sciences d'observation offrent à l'esprit de celui qui les cultive une longue série de principes, et surtout une immense collection de faits. Par les travaux continuels et les recherches actives des hommes versés dans leur étude, ces faits se multiplient sans cesse; bientôt ils s'accumulent, et par leur isolement ils présentent l'image du chaos, où tous les éléments les plus hétérogènes en apparence y gisent confondus. Qui viendra d'un souffle puissant dissiper les ténèbres épaisses qui pèsent sur tant de matériaux stériles par leur éparpillement, et n'attendant qu'un germe vivifiant pour manifester leur merveilleuse fécondité?

Quand on aborde l'étude d'une science dans de telles circonstances, l'esprit le plus hardi se trouve embarrassé dès les premiers pas. Il a beau se débattre au milieu des entraves qui gênent sa marche, si son intelligence n'est douée de facultés éminemment philosophiques, malgré toute l'aptitude qui semble le porter vers ces connaissances, il ne possédera jamais rien de solide : la mémoire sera surchargée, et l'esprit sera toujours dans l'obscurité.

Tel a été primitivement l'état des sciences naturelles ; telle a été dans l'origine la position des anciens naturalistes. Les plus distingués possédaient une grande quantité de faits joints à quelques principes de philosophie zoologique ; mais la masse de leurs connaissances n'était pas fondée sur ces aperçus profondément philosophiques qui dans ces derniers temps ont fait de l'étude des sciences naturelles une étude éminemment intéressante et utile. Ces premiers amis de la nature semblaient ignorer que, pour se prêter une mutuelle force et produire d'heureux résultats, les principes de la science doivent s'unir en faisceaux serrés et s'enchaîner étroitement.

Les sciences naturelles en général et la zoologie en particulier manquaient donc de cette vie qui devait les animer plus tard, et leur communiquer cette active énergie qui les caractérise aujourd'hui. Elles ne présentaient qu'une réunion d'ossements épars qui n'attendaient qu'un ordre puissant pour se revêtir de muscles et de tous les organes qui, par leurs phénomènes constants et variés, constituent la vie. Quel est donc ce principe vital qui manquait aux premières connaissances physiques ? C'était la *méthode*.

La *méthode*, en effet, est appelée à vivifier toutes les sciences qui forment le domaine de l'esprit humain. Dans l'état de dégradation où l'intelligence humaine est tombée, il lui est impossible d'embrasser d'un coup d'œil sûr un large horizon ; elle se perdrait dans le labyrinthe des mille distinctions organographiques et ethnographiques des naturalistes. Pour que l'étude soit facile et fructueuse, il

faut que les différents objets se succèdent suivant
toutes les lois des harmonies naturelles et les con-
clusions d'une méthode sévère.

Quelle méthode doit-on adopter dans l'étude des
sciences naturelles? Doit-on donner la préférence
aux *méthodes artificielles*, ou aux *méthodes naturelles*? Il y a déjà longtemps que cette question a
été résolue, et pour le plus grand nombre des
hommes versés dans les sciences il ne reste plus la
moindre incertitude. Cependant je sais quelques naturalistes éclairés et savants qui regrettent sincère-
ment de voir tomber entièrement les principes des
anciens *méthodistes*. Ils sont péniblement affectés
du profond mépris que certains naturalistes jeunes
et sans expérience veulent déverser sur des systèmes
qui ont rendu d'éminents services à la science en
général. Cette opinion nous semble respectable;
mais nous devons sans balancer donner la préférence aux méthodes naturelles, établies sur des
fondements plus rationnels.

Pour bien apprécier la différence qui existe entre
les deux méthodes, nous dirons que la méthode
naturelle *a pour but de traduire le plus exactement
possible l'ordre établi par la nature dans la série
animale, et de faciliter la connaissance et le souvenir
de cet ordre*. La méthode artificielle prend pour
point de départ quelques organes extérieurs, quelques habitudes, et même quelquefois des caractères
secondaires ou tertiaires, et range tous les animaux
d'après ces données si superficielles.

Dans la méthode naturelle il faut bien distinguer
la *technique* de la *classification organographique :*
la première est tout externe, et ne sert qu'à aider

la mémoire dans son travail; on peut l'appeler la partie mnémonique de la méthode. La seconde, au contraire, descend, si l'on peut s'exprimer ainsi, dans les entrailles du sujet, pour placer tous les objets d'après leurs relations à un point de comparaison. La technique a été admirablement comprise des premiers classificateurs. Linnée peut nous en fournir le type; la classification organographique a été créée par les naturalistes modernes, et peut se résumer dans les grands et admirables travaux de Cuvier.

Malgré tous les services rendus par la méthode naturelle, et malgré la perfection qu'elle a reçue dans ces derniers temps dans son application au règne animal, nous ne pouvons nous empêcher d'y reconnaître encore bien des lacunes. Pour que cette méthode naturelle fût complètement irréprochable dans son application, il serait nécessaire qu'elle fût toujours la traduction fidèle et sévère des dégradations organiques, en suivant une série descendante du type jusqu'aux derniers individus. Or il existe plusieurs classes dans le règne animal que nous pouvons dire n'être pas l'expression exacte des rapports organiques au type pris pour moyen terme. Sans parler de l'embranchement des articulés, chez lesquels la distribution en ordres, familles et genres, semble presque entièrement artificielle, nous jetterons un léger coup d'œil sur l'ornithologie, qui va nous occuper bientôt. La classe des oiseaux est sans contredit la classe la mieux caractérisée de toutes celles composant le règne animal; mais les ordres, les familles et les genres offrent de grandes difficultés dans leur placement distributif. Cuvier, dans son grand et immortel ouvrage, *le Règne animal distribué d'après son organisation*, les a presque toutes heureusement vaincues. Néanmoins, quand nous considérons certains genres des *rapaces*, et surtout l'ordre bizarrement circonscrit des *passereaux*, nous ne pouvons voir sans répugnance quelques classements qui nous semblent violer les lois harmoniques, qui sont les principes nécessaires de toute classification.

Nous venons de dire qu'il était nécessaire d'établir une série descendante d'individus de même classe comparés à un type. Si nous voulons classer les rapaces, il paraît évident qu'on devra prendre pour point de départ et centre de comparaison celui qui joindra les armes offensives et défensives à un caractère féroce et à des mœurs sanguinaires propres à tous ces oiseaux en général. L'aigle pourrait être donné comme type primordial des oiseaux rapaces, puisque ses pattes, servies par des muscles nombreux et puissants, sont armées à leur extrémité d'ongles crochus et redoutables, et que son bec est fortement recourbé et terminé en pointe acérée. Il présente toujours un caractère fier et indomptable, et, quoique nommé *oiseau ignoble*, parce que, différent du faucon, appelé *oiseau noble*, il a toujours refusé de se plier aux caprices et aux plaisirs des grands, nous verrons toujours dans l'aigle, avec les anciens naturalistes et Buffon, le type de la noblesse, de la grandeur, et, avec les naturalistes modernes, le type de la force et de la rapacité.

Nous sommes donc convaincu que l'ordre des rapaces doit commencer par le genre *aigle*, devant

servir de type : viendrait ensuite le genre *faucon*,
etc. ; et la famille des diurnes se continuerait par
le genre *vautour*, et se terminerait par le genre
messager ou *secrétaire*. Enfin viendraient les rapaces
nocturnes dans l'ordre généralement adopté.

En abordant la classe des passereaux, il est impossible de se dissimuler toutes les difficultés qui
surgissent à chaque instant quand on veut établir
les coupes génériques. Cet ordre, en effet, est composé de tous les genres qui ne peuvent être rapportés aux ordres mieux déterminés, des *rapaces*, des
grimpeurs, des *échassiers*, etc. On y remarque un
grand nombre d'éléments hétérogènes n'ayant entre
eux qu'une faible affinité : ces animaux se trouvent
rapprochés par des caractères purement négatifs. La
classification de Cuvier, en commençant par les
pies-grièches, au bec légèrement arqué, aux mœurs
indépendantes et carnassières, indique une transition assez naturelle d'un ordre à un autre ordre [1].
Plusieurs des autres dentirostres suivent sans brusque
interruption ; mais les derniers conirostres, comme
le corbeau, la pie, le geai, paraîtraient devoir se
rapprocher un peu plus des premiers genres de
passereaux.

Nous pourrions étendre nos observations sur une
foule de genres répandus dans plusieurs autres
ordres ; mais ces détails nous entraîneraient trop
loin du but que nous nous sommes proposé. En
jetant ces réflexions, qui demanderaient certaine-

---

[1] Plusieurs naturalistes pensent que les pies-grièches,
comme genre, devraient former une petite tribu à la suite
des rapaces diurnes.

ment de plus amples développements, nous avons voulu seulement mettre au jour une pensée qui nous occupe, et justifier quelques modifications que nous avons l'intention d'introduire dans la classification des oiseaux.

———

Nous dédions ce travail à la jeunesse chrétienne, pour laquelle nous travaillons spécialement depuis plusieurs années. Notre but principal a été, en cherchant à lui inspirer le goût de l'histoire naturelle, de faire naître dans son cœur quelques sentiments envers Dieu, l'auteur de la nature. Nous cherchons constamment la glorification de Dieu par ses œuvres, et nous tâchons de faire admirer sa bonté, sa grandeur, sa puissance, son immensité, sa providence jusque dans les moindres êtres qu'il a bien voulu appeler à l'existence. Peut-on présenter aux yeux de l'homme un livre écrit en plus beaux caractères et illustré plus magnifiquement que celui que la nature déroule sans cesse à nos regards ? Chaque pas nous offre de riches matériaux pour le cœur et pour l'esprit. Puissions-nous toujours faire un noble et légitime usage de nos connaissances, en bénissant, en adorant Celui qui fut le principe et qui doit être la fin de toute chose.

———

Avant d'entrer en matière, nous devons à nos lecteurs de leur faire connaître les sources auxquelles nous avons puisé. Pour l'ornithologie nous avons toujours suivi le grand travail de Cuvier, règne animal, à quelques exceptions près, pour la distribution des ordres, familles et genres. Dans la description des mœurs, des habitudes, des instincts, nous avons consulté les Oiseaux de Buffon, ou de son continuateur, Guéneau de Montbéliard; nous avons encore profité des travaux de Temming, de Lettson, de Milne-Edwards, etc. En passant aux reptiles, nous avons encore suivi la classification de Cuvier, en introduisant cependant une légère modification dans la distribution des chéloniens. Notre guide pour l'histoire naturelle proprement dite de tous les animaux qui composent la classe des reptiles, a été principalement le comte de Lacépède, dans son magnifique ouvrage les *Quadrupèdes ovipares*, les *serpents* et les *poissons*; nous ne devons pas oublier l'ouvrage de Latreille et Sonnini, et quelques mémoires, comme celui de M. Alex. Brongniart, etc. Enfin, pour les poissons, dans les courtes explications que nous donnons, nous avons usé des notes recueillies par nous-même au cours de M. Duméril, au jardin du Roi, et nous nous sommes aidé encore du travail de M. Lacépède, précédemment cité.

HISTOIRE NATURELLE

DES OISEAUX

ORNITHOLOGIE

La branche de l'histoire naturelle qui a pour but
de nommer les oiseaux, de décrire leurs mœurs,
leurs habitudes, d'établir leurs rapports génériques
et spécifiques d'après les lois de leur organisation,
prend le nom d'*ornithologie*. Les oiseaux sont défi-
nis des animaux ovipares, à circulation double et
complète, dont les membres antérieurs ont éprouvé
une modification organique spéciale, qui les rend
propres au vol, et dont le corps est protégé par un
système tégumentaire particulier.

Ces animaux forment la classe la mieux déterminée et la plus facile à caractériser, soit que l'on
considère seulement les formes extérieures, soit
que l'on descende plus profondément dans leur
structure intérieure, et qu'on veuille apprécier les
mystères de leurs fonctions physiologiques. Mais
c'est aussi dans cette classe que l'on trouve les dégradations organiques les plus difficiles à apprécier,
et par conséquent les plus grands obstacles pour

préciser les différences qui constituent les caractères distinctifs des genres et des espèces.

Avant d'entrer dans l'étude des ordres et des genres, nous devons exposer auparavant quelques réflexions sur l'organisation, les habitudes et les mœurs communes des oiseaux.

L'ostéologie des oiseaux nous offre quelques modifications que, du reste, il était facile de prévoir, à cause de la faculté qu'ils ont reçue de se soutenir au milieu de l'air. Le tissu des os est dense et compacte, et par conséquent peut offrir une bien plus grande solidité sous un moindre volume. Tous les os longs, au lieu de renfermer cette substance adipeuse connue sous le nom de *moelle* dans les os longs des mammifères, se trouvent remplis d'air. Tout tend à diminuer la pesanteur spécifique des oiseaux, comme nous aurons occasion de nous en convaincre pleinement par la suite.

La tête des oiseaux est, en général, peu développée et composée d'os si intimement soudés ensemble, que toute trace de suture a disparu extérieurement. Ces os du crâne sont très peu épais, et ordinairement également développés dans le sens de la longueur et de la largeur. La partie supérieure du bec des oiseaux, formée principalement par les analogues des intermaxillaires, se prolonge en arrière en deux arcades composées des os palatins, ptérygoïdiens et maxillaires, qui s'appuient sur un os tympanique mobile, vulgairement dit *os carré*. La matière cornée qui revêt extérieurement les deux mandibules remplace les dents par sa solidité, et offre quelquefois des dentelures acérées ou des bords tranchants qui peuvent les représenter avantageusement. Ce bec varie à l'infini dans ses formes chez la plupart des oiseaux, et il a présenté

aux naturalistes de bons caractères pour grouper
un grand nombre de ces animaux. Ces variations
ont été appropriées au genre de vie de chaque espèce; celui qui, comme l'aigle, doit vivre de rapine
et de carnage, a reçu des mandibules aiguës et fortement recourbées; celui qui, comme le colibri,
doit puiser sa nourriture au fond de la corolle des
fleurs, a obtenu un bec long et grêle; le héron possède un long bec pour saisir sa proie dans les eaux;
le cygne et surtout la spatule présentent un bec
très aplati pour chercher dans la vase des ruisseaux
et des marécages les larves d'insectes qui s'y développent; enfin le pic nous offre un bec très solide
et en forme de coin pour percer les arbres et chercher les larves de xylophages [1], qui forment sa
nourriture.

La colonne vertébrale est composée d'un nombre
variable de pièces. Le cou prend un allongement
considérable dans certaines espèces, comme l'autruche, la cigogne, le cygne, et offre un plus grand
nombre de vertèbres cervicales que celui des passereaux, des rapaces et des gallinacés. Les vertèbres
cervicales sont toujours très mobiles les unes sur
les autres, parce que le bec est toujours l'unique
organe de préhension. Le perroquet seul nous offre
sur ce point une remarquable exception. Les vertèbres dorsales n'ont, au contraire, presque aucune
mobilité, et les vertèbres lombaires deviennent complètement immobiles, comme soudées entre elles.
Faisant suite au sacrum, on remarque les vertèbres
coccygiennes ou caudales assez développées, qui
possèdent un certain mouvement de haut en bas

---

[1] Les xylophages forment une famille de coléoptères qui
se développent dans le bois.

qu'elles communiquent aux pennes de la queue.
La dernière vertèbre coccygienne est plus développée que les autres, et présente deux expansions
latérales pour l'insertion des pennes rectrices.

Le thorax, ou la partie osseuse de la poitrine, est
composé des côtes grêles, se prolongeant jusqu'au
sternum sans l'intermédiaire de cartilages costaux,
et d'un sternum d'une structure admirable. Les
muscles de l'aile devaient avoir une grande puissance pour que l'organe du vol pût frapper fortement sur l'air environnant, et le sternum devait
leur fournir un point d'insertion en rapport avec
cette puissance. C'est pour augmenter son étendue
qu'on remarque une ligne osseuse, saillante sur la
partie médiane, et deux surfaces planes postérieures
offrant une échancrure plus ou moins profonde
pour l'extension de toute la surface. L'ossification
plus ou moins parfaite des échancrures, la solidité
plus ou moins grande de la lame moyenne indiquent
la vigueur des oiseaux pour le vol.

Quoique le membre supérieur soit appelé chez les
oiseaux à remplir des fonctions particulières, néanmoins sa composition ostéologique présente une
analogie complète avec le membre thoracique des
mammifères. L'omoplate a acquis une modification
des plus singulières : au lieu d'être aplatie, comme
chez les animaux vertébrés de la première classe,
elle s'est allongée et a pris tous les caractères des os
longs. Elle reste suspendue dans les chairs, et vient
se fixer au sternum par un vigoureux arc-boutant
résultant du développement de l'apophyse cora-
coïde. Cette disposition si anormale est destinée à
maintenir les épaules écartées convenablement,
malgré les efforts continuels du vol qui tendent
à les rapprocher. Les clavicules, en se soudant,

forment ce qu'on appelle vulgairement la *four-chette*, et sont d'autant plus fortes et plus ouvertes que l'oiseau possède une puissance de vol plus énergique. L'humérus, le radius et le cubitus, ont les plus grands traits de ressemblance avec les os correspondants chez les mammifères ; mais la main nous offre un carpe modifié selon son usage. Il est destiné à donner insertion à un doigt bien développé et à deux autres plus petits presque rudimentaires. Ainsi le membre supérieur n'est muni que de trois doigts, comme le membre inférieur dans un grand nombre d'espèces.

Le membre inférieur, dans les parties les plus essentielles, n'offre que d'assez légères modifications ; le tarse et le métatarse sont représentés par un seul os terminé inférieurement par trois poulies ou trochlées. Ces trois poulies servent à l'articulation des doigts, ordinairement au nombre de trois ou de quatre (l'autruche par exception n'en a que deux). Quand il existe quatre doigts, il y en a un dirigé en arrière qui porte le nom de *pouce*. Quelquefois, comme chez les grimpeurs, le doigt externe se dirige également en arrière, et cette conformation caractérise les oiseaux de cet ordre ; d'autres fois ces doigts sont réunis ensemble par de larges membranes ou palmures qui en font une rame solide, ainsi que nous le verrons dans l'ordre des palmipèdes. Les ongles qui terminent les doigts sont plus ou moins forts et acérés suivant les genres et les espèces : très développés dans l'aigle, où ils prennent la dénomination de *serres*, ils sont presque réduits à rien dans les petites espèces des passereaux, dans certains échassiers et dans la plupart des palmipèdes.

Le système musculaire est doué d'une extrême

irritabilité provenant de l'énergie de la respiration et
de l'activité de la circulation. L'organe de la respiration communique avec l'air extérieur par le moyen
des narines, ouvertes à la base du bec. Cette ouverture se trouve percée chez les rapaces diurnes dans
une membrane jaunâtre qu'on a nommée *cire*. La
trachée-artère, ou conduit de l'air, est composée
d'anneaux entiers et complets, et acquiert quelquefois un développement considérable en s'enroulant
sur elle-même avant de pénétrer dans la poitrine.
Les poumons, ne présentant point de lobes distincts,
sont fixés aux côtes et enveloppés d'une membrane
séreuse, percée de grands trous qui laissent pénétrer l'air dans plusieurs cavités de la poitrine, de
l'abdomen, des régions axillaires, et même de l'intérieur des os, en sorte que le fluide atmosphérique
baigne non seulement la surface des vaisseaux pul-
monaires, mais encore celle d'une infinité d'autres
vaisseaux artériels ou veineux du reste du corps.
Ainsi les oiseaux respirent en quelque sorte par
les rameaux de l'aorte, comme par le tissu vacuo-
laire des poumons. La température de leur corps se
trouve en proportion avec la quantité de leur respiration, et s'élève jusqu'à 30° à 40° de Réaumur,
tandis que celle de l'homme ne s'élève que de 30°
à 32°.

La circulation est parfaitement en rapport avec le
degré de leur température interne, et d'une activité
supérieure à celle que nous remarquons chez les
mammifères.

La principale fonction nutritive, ou la digestion,
doit être en proportion avec l'activité de leur vie et
la force de leur respiration. Le tube digestif a pris
certaines modifications dans la partie supérieure.
L'estomac se compose de trois parties, le *jabot*, le

ventricule succenturier et le *gésier*. Ces parties ne
sont pas également développées dans tous les oiseaux, car les rapaces et les piscivores ont un gésier
presque membraneux. Chez les granivores, au contraire, nous les voyons parfaitement conformées.
Le jabot n'est autre chose qu'une dilatation latérale
de l'œsophage, ou conduit des aliments, destinée
à retenir quelque temps les substances alimentaires
ingérées. Le ventricule succenturier est une poche
membraneuse garnie dans son épaisseur d'une multitude de cryptes ou glandes folliculaires, destinées
à sécréter un liquide propre à ramollir un peu les
matériaux de la digestion. Le gésier est l'organe
propre de chylification, et se trouve armé de deux
muscles vigoureux, réunis entre eux par deux tendons rayonnés et tapissés à leur intérieur d'un cartilage solide. Le gésier est un organe puissant de
trituration ; les aliments s'y broient d'autant plus
facilement, que l'oiseau a coutume d'avaler de petits
cailloux, comme la poule domestique, et même des
morceaux de fer, comme l'autruche, pour faciliter
son action.

Le système de l'innervation est peu développé, ce
que nous avions déjà prévu par le peu d'ampleur
de la boîte cérébrale. Les hémisphères n'offrent
point de circonvolutions à leur surface, ni de corps
calleux pour les réunir. Les lobes optiques ont pris
un accroissement notable, et se montrent toujours
à découvert derrière les lobes cérébraux. Le cerve-
let est bien développé par rapport aux autres parties
de l'encéphale, et traversé de rainures parallèles
et convergentes.

Après avoir ainsi jeté un coup d'œil rapide sur le
principe matériel de la sensibilité organique, nous
allons examiner les sens et les organes.

En comparant les sens, qui sont les premières puissances motrices de l'instinct dans tous les animaux, dit Buffon dans son Discours sur la nature des oiseaux, nous trouverons que le sens de la vue est plus étendu, plus vif, plus net et plus distinct dans les oiseaux en général que dans les quadrupèdes ; je dis en général, parce qu'il paraît y avoir des oiseaux qui, comme les hiboux, voient moins qu'aucun des quadrupèdes ; mais c'est un effet particulier que nous apprécierons plus tard, quand nous parlerons des rapaces nocturnes. Ce qui tend encore à prouver que l'œil est plus parfait dans l'oiseau, c'est que la nature l'a travaillé davantage. Il a deux membranes de plus que ceux des mammifères, l'une extérieure et l'autre intérieure. La première est placée dans le grand angle de l'œil, et, au moyen d'un appareil musculaire particulier, peut couvrir le devant de l'œil comme un rideau ; la seconde est vasculeuse et plissée, placée au fond du globe oculaire ; elle se dirige vers le cristallin, sur lequel elle exerce une certaine action qui tend à varier le cercle de la vision, probablement en déplaçant cette lentille.

Chez quelques oiseaux, la portée de la vue est extrêmement longue. Un épervier voit, d'en haut et de vingt fois plus loin, une alouette sur une motte de terre, qu'un homme et un chien ne peuvent l'apercevoir. Un milan, qui s'élève à une hauteur si grande que nous le perdons de vue, voit de là les petits lézards, les mulots, les oiseaux, et choisit ceux sur lesquels il veut fondre. Cette grande étendue de la vision se trouve encore accompagnée d'une justesse et d'une précision remarquables.

L'homme, supérieur à tous les êtres organisés, a le sens du toucher et peut-être celui du goût plus parfaits qu'aucun des animaux ; mais il est inférieur à la plupart d'entre eux par les trois autres sens ; et, en ne comparant que les animaux entre eux, il paraît que la plupart des quadrupèdes ont l'odorat plus vif et plus étendu que ne l'ont les oiseaux ; car, quoi qu'on dise de l'odorat du corbeau, du vautour, etc., il est bien inférieur à celui du chien ou du renard. On peut en juger par la conformation elle-même de l'organe. Caché dans la base du bec, il n'a d'ordinaire que des cornets cartilagineux, au nombre de trois, variant en complication. Quelquefois il n'est point ouvert à l'extérieur par les narines, mais mis en communication avec l'air, véhicule des odeurs, par une fente longitudinale située à l'intérieur du bec. Cette conformation si peu favorable à l'exercice de cette fonction, jointe au peu de développement du nerf olfactif, porte à conclure que généralement les oiseaux ont l'odorat très imparfait. Nous pouvons en dire tout autant du goût ; car la langue chez ces animaux a peu de substance musculaire, et ne présente que des papilles fort rares à sa surface.

Il n'en est pas de même de l'ouïe. L'organe est beaucoup moins compliqué que dans les mammifères : la partie osseuse est extrêmement simple. L'ouverture extérieure, très petite chez les oiseaux diurnes, très grande chez les nocturnes, est recouverte toujours par les plumes. Du reste, la sensation paraît très développée, comme il est aisé de s'en convaincre par la perfection et l'étendue du chant dans la plupart des espèces, par la facilité avec laquelle ils retiennent les airs qu'on leur apprend, et la promptitude avec laquelle ils s'éveillent quand on les approche même avec les plus grandes précautions.

Le plus obtus de tous les sens de l'oiseau est sans

contredit le toucher, et cela dépend entièrement de la nature des téguments qui recouvrent tout le corps. Nous savons que la perfection de ce sens dépend tout à fait de la structure de la peau et de ses diverses dépendances. Les oiseaux ayant tout le corps recouvert de plumes, et les extrémités inférieures revêtues d'une substance cornée qui les enveloppe entièrement, doivent par conséquent ne recevoir que des impressions très légères.

Nous étudierons ici les dépendances du système tégumentaire. Ce système est tout particulier aux oiseaux, et constitue leurs *plumes ;* il est très propre à garantir le corps de l'animal des effets des rapides variations de température du milieu dans lequel il vit. On distingue trois sortes de plumes : les unes, *duvetées* et *lanugineuses,* sont placées immédiatement sur la peau, et dominent principalement sous l'abdomen et au cou des palmipèdes ; les autres, d'une structure plus serrée et d'une consistance plus ferme, servent à couvrir les premières et sont les *plumes proprement dites,* appelées *couvertures* à l'aile et à la base des pennes : ces dernières diffèrent de toutes les autres par leur force, leur grandeur et leurs usages. On rencontre les *pennes* aux ailes et à la queue ; celles qui sont adhérentes à la main se nomment *primaires,* et il y en a toujours dix ; celles qui tiennent à l'avant-bras s'appellent *secondaires,* leur nombre est variable ; d'autres, moins fortes, fixées sur l'humérus, portent le nom de *scapulaires ;* enfin l'os rudimentaire qui représente le pouce porte encore quelques pennes nommées *bâtardes.* Toutes les pennes de l'aile ont reçu la dénomination commune de *rémiges ;* tandis que celles de la queue, ordinairement au nombre de douze, de quatorze et même de dix-huit chez les gallinacés, sont désignées par le nom de *rectrices ;* ce sont ces pennes rectrices qui en s'étalant soutiennent l'oiseau et surtout servent à le diriger, comme un gouvernail par ses différentes inflexions dirige un vaisseau sur les flots. Toutes les plumes, et surtout les pennes, sont composées d'une tige creuse à la base, qui porte supérieurement les *barbes* et les *barbules.* Cette tige est remplie d'air, ainsi que les nombreuses vacuoles qu'on trouve dans le tissu du reste de la plume.

Le plumage des oiseaux présente des variations assez marquées, non seulement selon les différences d'âge et de sexe, mais encore suivant les saisons. En général, la femelle diffère du mâle par des teintes moins vives, et les petits dans leur jeune âge ressemblent à leur mère. Quand les deux sexes ont le même plumage, les petits ont une *livrée* qui leur est propre; enfin il est un certain nombre d'oiseaux qui ont un plumage d'hiver et un plumage d'été. Ce sont ces différentes variations dans le même individu à divers époques de sa vie ou de l'année, qui ont fait, dans les commencements, multiplier les espèces à l'infini par les anciens ornithologistes. Dans les collections soignées on tient beaucoup à réunir les variétés de sexe et de plumage.

Mais, pour que ces changements s'opèrent, il faut que les plumes tombent et soient remplacées par d'autres; c'est cette chute périodique qu'on désigne sous le nom de *mue.* La plupart des oiseaux éprouvent deux fois par an, au printemps et à l'automne, ce renouvellement de plumes. Une affection morbide plus ou moins intense accompagne toujours ce changement : l'oiseau est triste, silencieux, apathique ; il mange peu, et se tient caché, comme s'il avait peur d'être vu; presque toujours immobile à la même place, on dirait qu'il redoute la fatigue, tandis que, lorsqu'il est bien portant, le repos lui semble pénible. Cet état de maladie dure jusqu'à ce que, les nouvelles plumes s'étant développées, l'oiseau ait repris, avec son habit ordinaire, l'activité qui fait le fond de son naturel. Ce temps est assez long, attendu que les plumes tombent les unes après les autres, afin que le corps de l'animal ne se trouve point trop exposé aux injures de l'air.

De tout temps l'homme a recherché la dépouille des oiseaux; le duvet est cher aux paresseux; les plumes ornent la tête du sauvage et de l'homme civilisé, et depuis longtemps déjà les pennes, aidant à fixer la pensée, servent d'instrument au génie.

MŒURS ET HABITUDES COMMUNES A TOUS LES OISEAUX

La faculté de sentir, l'instinct, qui n'est que le résultat de cette faculté, et le naturel, qui n'est que l'exercice habituel de l'instinct, ne sont pas à beaucoup près les mêmes dans tous les êtres. Ces qualités intérieures dépendent de l'organisation en général, et en particulier de celle des sens. Nous pouvons dire encore que l'instinct est développé en raison inverse de l'intelligence, en sorte que plus l'intelligence est parfaite, comme chez l'homme, moins il y a d'instinct : tandis que chez les êtres placés au dernier degré de l'échelle animale, comme les abeilles, les guêpes, les fourmis, etc., nous voyons un instinct très remarquable. Les oiseaux en général ont fort peu d'intelligence et beaucoup d'instinct.

Cet instinct brille surtout dans la construction du nid. C'est dans les premiers jours du printemps,

quand toute la nature semble posséder une sura-
bondance de vie, que les oiseaux travaillent à se
construire un nid. Les uns le placent sur des arbres ;
d'autres, dans le creux d'un rocher ; quelques-uns,
dans l'herbe des buissons ou sur la terre; d'autres,
sur de vieilles tours, dans les fentes des murailles
démantelées. Quel art et quelle prévoyance admirables président à la construction de ce nid ! Un
lieu solitaire, une branche touffue, seront toujours
préférés, pour le soustraire aux regards de l'homme,
à la rapacité des oiseaux destructeurs ou aux rayons
brûlants d'un soleil trop ardent. Combien d'images
riantes, de comparaisons charmantes, le nid des
petits oiseaux n'a-t-il pas offertes à l'imagination
des poètes et des littérateurs !

Quand on examine attentivement le nid d'un
oiseau, on observe d'abord un tissu lâche d'herbes
sèches et quelquefois de crins, qui servent à le fixer
sur la branche qui lui sert de point d'appui. La
construction devient ensuite de plus en plus serrée,
et enfin l'intérieur se trouve garni d'un léger duvet
que l'oiseau a su trouver dans la campagne, ou qu'il
s'est arraché de dessous la poitrine, comme cela a
lieu chez l'eider. On doit reconnaître que Dieu a
donné aux petits oiseaux un talent admirable. Guidé
par un instinct irrésistible, l'oiseau construira toujours un nid semblable à celui qui l'a vu naître, et
aucune circonstance ne pourra l'obliger à le modifier. Qui a appris à la tourterelle à placer son nid
dans les bois épais où règne une constante fraîcheur? Qui a enseigné à l'hirondelle à se maçonner
si élégamment et si solidement sa demeure? Qui a
dit à l'autruche que le sable du désert pouvait recevoir assez commodément ses œufs, et que la chaleur
du soleil suffirait pour les faire éclore? N'est-ce pas

Celui qui prend soin des passereaux, et qui donne
la nourriture aux oiseaux qui envoient leurs cris
vers le ciel ?

Après avoir admiré l'étonnante construction du
nid des oiseaux, nous allons examiner la formation
de l'œuf, puis le phénomène de l'incubation.

L'œuf commence à se former dans une poche particulière qu'on nomme *ovaire*. C'est là que tous les
vitellus, vulgairement *jaunes de l'œuf*, sont placés
comme les grains d'un raisin sont attachés à leur
grappe, et disposés de manière que ceux plus développés se trouvent à la partie inférieure. Chaque
vitellus a un pédicule ou pétiole particulier qui le
fixe à un centre commun longitudinalement étendu.
Quand un de ces vitellus est parvenu à son entier
accroissement, il se détache de son pétiole et glisse
par un canal particulier désigné par le nom d'*oviductus*. Les parois internes de ce canal sont enduites
d'une lymphe blanchâtre qui s'attache au vitellus
et constitue plus tard l'*albumen* ou *blanc de l'œuf*.
Quand l'albumen se trouve réuni en quantité suffi-
sante, il s'enveloppe d'une pellicule qui n'est formée
que d'albumine épaissie. Enfin, rendue à l'extrémité inférieure de l'oviductus, l'œuf se recouvre
d'une seconde enveloppe solide composée principalement de carbonate calcaire et de substance animale qui prend le nom de *coquille*. Il arrive quelquefois que l'œuf, parvenu à l'extrémité du canal
de l'ovaire, est émis subitement avant que l'enveloppe calcaire se soit formée. Il arrive encore qu'on
trouve parfois deux vitellus sous la même coquille ;
il est très facile d'expliquer cette anomalie. Deux
vitellus également développés se séparent en même
temps de leur pédicule, glissent simultanément
dans l'oviductus, et, parvenus ensemble à sa partie

inférieure, ils sont renfermés sous une enveloppe calcaire commune.

Il ne paraîtra peut-être pas inutile d'indiquer ici en quelques mots les procédés employés pour la conservation des œufs. Aussitôt qu'un œuf est émis au dehors, il perd continuellement quelques-unes de ses parties par l'évaporation de celles qui sont plus volatiles. Peu à peu il contracte une mauvaise odeur et finit par se gâter complètement. Pour prévenir cet inconvénient, il suffit de mettre un obstacle à cette évaporation continuelle par une couche de matière grasse qui ferme entièrement tous les pores dont la coquille est criblée. On peut les placer dans de la cendre fine tamisée, ou mieux étendre sur la surface externe une huile ou un vernis quelconque ; avec cette seule précaution on pourra garder pendant plusieurs mois et même pendant plusieurs années des œufs bons à manger et possédant toutes les qualités des œufs frais.

Quand l'oiseau a pondu un nombre d'œufs variable selon sa taille, il répond aux vœux de la nature en les couvant. Le phénomène de l'incubation dure de dix à quarante jours, suivant les espèces. L'autruche laisse à la chaleur solaire à faire éclore l'embryon renfermé dans l'œuf ; mais les autres oiseaux ont besoin, pour arriver à ce résultat, de se placer sur leurs œufs, pour développer un degré de chaleur suffisant. Pendant tout le temps que dure l'incubation, les oiseaux, oubliant presque leur propre vie et négligeant de prendre leur nourriture, se tiennent sur leurs œufs avec une constance admirable. L'effet de l'incubation est de développer l'embryon qui se trouve dans la cicatricule de l'œuf fécondé. Dès que l'œuf a été couvé pendant cinq à six heures, on voit déjà distinctement la tête du petit oiseau jointe à l'épine du dos, nageant dans la liqueur dont la bulle qui est au centre de la cicatricule est remplie ; sur la fin du jour, la tête s'est déjà recourbée en grossissant.

Dès le deuxième jour on voit les ébauches des vertèbres, qui sont comme de petits globules disposés sur les parties latérales de l'épine ; on voit aussi paraître le commencement des ailes et des vaisseaux ombilicaux, remarquables par leur couleur obscure ; le cou et la poitrine se débrouillent, la tête grossit toujours, on y aperçoit les premiers linéaments des yeux : déjà on distingue le cœur qui donne des pulsations, et le sang qui circule.

Le troisième jour tout est plus distinct, parce que tout a grossi. On voit tout le corps du fœtus comme enveloppé d'une partie de la liqueur environnante, qui a pris plus de consistance que le reste.

Les yeux sont déjà fort avancés le quatrième jour ; on y reconnaît très bien l'iris, le cristallin et l'humeur vitrée. Les ailes croissent, les cuisses commencent à paraître, et le corps à prendre de la chair.

Les progrès du cinquième jour consistent en ce que tout le corps se recouvre d'une chair onctueuse.

Le sixième jour, la moelle de l'épine continue de s'avancer le long du tronc. Le foie, qui était blanchâtre auparavant, est devenu de couleur obscure ; le cœur bat dans ses deux ventricules ; le corps est recouvert de la peau, et déjà l'on voit poindre les plumes.

Le bec est facile à distinguer le septième jour ; le poumon paraît à la fin du neuvième. Toutes les parties se développent lentement jusqu'à ce que le petit casse sa coquille avec une pointe osseuse, ca-

duque, dont son bec est armé pour ce seul usage,
et qui tombe quelques moments après.

Toute cette suite de phénomènes, qui forme un
spectacle si intéressant pour l'observateur philosophe, est l'effet de l'incubation opérée par un
oiseau, et l'industrie humaine n'a pas trouvé qu'il
fût au-dessous d'elle d'en imiter les procédés : c'est
ce qu'on appelle l'*incubation artificielle*. D'abord de
simple villageois d'Égypte, puis des naturalistes,
sont parvenus à faire éclore un très grand nombre
de petits poulets à la fois ; tout le secret consiste à
tenir ces œufs dans une température qui réponde à
peu près au degré de chaleur de la poule, et à les
garantir de toute humidité et de toute exhalaison
nuisible. On emploie pour cela la chaleur d'un four
ou d'une étuve sèche, dans l'intérieur duquel on
dispose convenablement plusieurs corbeilles dans
lesquelles on place les œufs. On doit maintenir la
chaleur du four d'incubation de 30° à 32° Réaumur ; et, pour entretenir cette chaleur constante,
on distribue plusieurs thermomètres en différents
endroits, en observant qu'il y a toujours de grands
inconvénients à élever trop la température, et que
les poussins souffriront moins dans une atmosphère
un peu au-dessous du degré que nous venons d'indiquer. Tous les corps qui développent une certaine quantité de calorique peuvent servir à l'incubation artificielle des œufs ; on en a fait éclore avec
du fumier ou du tan, qui par la fermentation putride fait naître une chaleur assez considérable.
Pour les autres détails relatifs à l'éducation des
poussins qu'on s'est procurés par l'incubation artificielle, nous renvoyons aux mémoires si intéressants de Réaumur, auquel nous avons emprunté les
notions précédentes.

2 *

Les migrations et les longs voyages sont aussi rares parmi les quadrupèdes qu'ils sont fréquents parmi les oiseaux. Le quadrupède semble attaché à la motte de terre qui l'a vu naître, tandis que l'oiseau peut changer de climat avec une facilité incroyable. C'est ordinairement sur la notion anticipée des changements de l'atmosphère et de l'arrivée des saisons qu'il se détermine à partir. Dès que les vivres commencent à manquer, dès que le froid ou le chaud l'incommode, il médite la retraite; d'abord les oiseaux semblent se rassembler de concert pour entraîner leurs petits et leur communiquer ce même désir de changer de climat, que ceux-ci ne peuvent encore avoir acquis par aucune notion, aucune expérience précédente. Les pères et les mères rassemblent leur famille pour la guider dans la traversée, et toutes les familles se réunissent, non seulement parce que tous les chefs sont animés du même désir, mais parce qu'en augmentant leurs troupes ils se trouvent en force pour résister à leurs ennemis.

Ce désir de changer de climat, qui communément se renouvelle deux fois par an, c'est-à-dire en automne et au printemps, est une espèce de besoin si pressant, qu'il se manifeste dans les oiseaux captifs par les inquiétudes les plus vives; on a vu des cailles élevées dans des cages presque depuis leur naissance, et qui ne pouvaient ni connaître ni regretter la liberté, éprouver régulièrement deux fois par an des agitations singulières durant le temps du voyage. Lorsque le temps de la migration approche, on voit les oiseaux libres, non seulement se rassembler en familles, se réunir en troupes, mais encore s'exercer à faire de longs vols, de grandes tournées avant d'entreprendre leur plus grand voyage. Au reste, les circonstances de ces migrations varient dans les différentes espèces; tous les oiseaux voyageurs ne se réunissent pas en troupes : il y en a qui partent seuls, d'autres qui marchent par petits détachements, etc.

L'époque à laquelle les oiseaux voyageurs arrivent dans nos pays ou les quittent varie suivant les espèces, dit M. Milne-Edwards dans sa Zoologie descriptive; ceux qui sont originaires des contrées les plus septentrionales de l'Europe nous viennent à la fin de l'automne et au commencement de l'hiver, et dès les premiers beaux jours, fuyant la chaleur comme ils avaient fui l'excès du froid, retournent vers le nord pour y faire leur ponte. D'autres oiseaux qui naissent toujours dans nos contrées, et qui doivent par conséquent être considérés comme étant essentiellement indigènes, nous quittent en automne, et, après avoir passé l'hiver dans les climats chauds, reparaissent parmi nous au printemps, ou bien, évitant, au contraire, la chaleur de notre été, émigrent alors vers les régions arctiques; il en est d'autres encore qui, natifs des pays méridionaux, s'élèvent vers le nord pour échapper à l'ardeur du soleil d'été et nous arrivent au milieu de la belle saison. Enfin l'on en voit aussi qui ne séjournent jamais dans nos contrées, et qui, dans leurs migrations annuelles, ne font qu'y passer. L'époque de l'arrivée et du départ de ces voyageurs est en général déterminée d'une manière très précise pour chaque espèce, et l'expérience a appris que dans certaines localités les chasseurs pouvaient compter sur l'arrivée de tels ou tels oiseaux comme sur une rente dont les termes écherraient à jour fixe. L'âge y apporte cependant quelque différence; on voit ordinairement les jeunes ne se mettre en route que quelque temps après les adultes, et cela paraît dépendre de ce que, la mue ayant lieu plus tard chez eux que chez ces derniers, ils ne sont pas encore rétablis de l'espèce de maladie qui accompagne ce phénomène, au moment où ceux-ci sont déjà en état de supporter les fatigues du voyage.

Certains genres parmi les oiseaux ont reçu avec leur instinct si remarquable un penchant marqué vers la sociabilité. Je citerai d'abord les associations si singulières des gros-becs, qui se construisent une habitation commune et qui vivent presque en république. Les faits que je vais rapporter sont extraits du voyage de M. Vaillant en Afrique.

Plusieurs centaines de ces oiseaux se réunissent pour construire en commun, sur un arbre, une sorte de toiture tissée avec de grandes herbes, et tellement serrée, qu'elle est impénétrable à la pluie. Il paraît que la forme de cet abri dépend des branches qui le supportent. Lorsque ce travail est terminé, l'espace est distribué pour y placer des nids attachés à la surface inférieure du toit, et il faut qu'un instinct particulier dirige les constructeurs de ces nids; car ils sont tous de même grandeur, tous contigus l'un à l'autre. Ces habitations privées sont à une certaine distance du bord du toit, et chacune a son ouverture; cependant il arrive assez souvent qu'une même porte donne entrée dans trois nids, l'un au fond, et les autres de chaque côté; quelquefois aussi deux voisins ont établi entre eux cette sorte d'intimité. Ainsi, après avoir laissé entre le bord du toit et les nids assez d'intervalle pour que la pluie ne puisse atteindre les minces parois des habitations privées, chaque oiseau se loge avec très peu de travail; car il profite des habitations mitoyennes. Les nids, d'environ huit centimètres de diamètre, sont faits avec des herbes plus fines que celles de la toiture, également bien serrées et garnies intérieurement de duvet. Lorsque la population augmente, les nouvelles habitations ne peuvent être placées que sur les anciennes, et dans ce cas quelques-unes de ces cases particulières, délaissées par leurs propriétaires, sont converties en voie publique pour arriver à ces nouvelles constructions. Vaillant se fit apporter un de ces édifices tout entier, toit et chambres; il y compta trois cent vingt nids.

Nous pourrions rapporter beaucoup d'autres traits de la sociabilité des oiseaux; nous nous bornerons à établir en principe que la plupart des espèces granivores aiment à vivre en société, semblent trouver du plaisir à vivre en commun; tandis que les rapaces, les tyrans des airs, vivent toujours solitaires. Nous pourrions ici établir une analogie complète de mœurs entre les oiseaux et les mammifères suivant leur régime nutritif. Le lion, le tigre, ne vivent que de sang et de meurtre : la présence d'un être de leur espèce leur porte ombrage; ils voient en lui un rival, et il faut nécessairement qu'il s'éloigne ou que l'un des deux succombe sous les griffes du plus puissant. Chez les ruminants, au contraire, qui sont tous herbivores, nous voyons des mœurs douces, des habitudes de sociabilité; ils paissent tranquillement l'herbe que la terre fournit abondamment à leurs besoins. L'aigle, qui vit en dominateur sur les sommets des montagnes, ne peut souffrir qu'un autre vienne s'établir dans son empire, tandis que la douce colombe trouve des charmes dans la société de ses semblables.

L'éducabilité forme un des traits les moins saillants du caractère des oiseaux. Malgré tous les soins

qu'on leur prodigue journellement, il est difficile
d'apercevoir dans ceux qui en sont l'objet le moindre
germe d'affection. On remarquera toujours une
énorme différence entre l'attachement, la fidélité,
l'amitié sincère du chien pour son maître, et les
caresses fugitives d'un étourneau, d'une perruche
ou d'un serin.

Rien n'est plus merveilleux dans l'histoire des
oiseaux que leur voix et leur chant. Il n'est personne qui n'ait entendu le ramage du rossignol et
la voix du perroquet. Chez les oiseaux, le larynx
inférieur, où se forment les sons, est d'une grande
complication, et la trachée, par ses diverses inflexions et ses mouvements, contribue beaucoup à
les modifier. Les ligaments de la glotte, par leur
resserrement et leur extension, servent à moduler
l'air expulsé des poumons avec une très grande force.
Il est difficile de pouvoir apprécier rigoureusement
comment il se fait que des êtres si petits et si faibles
donnent à leur chant tant de force et d'éclat. Un rossignol a la voix plus étendue que l'homme, et les
vibrations qu'elle produit dans l'air seront sensibles
à l'ouïe à une distance plus grande que celles pro-
duites par la voix de beaucoup de mammifères.

Tous les oiseaux qui ont la langue épaisse et
charnue peuvent, par une éducation prolongée,
parvenir à prononcer plus ou moins distinctement
quelques paroles. Tout le monde connaît le jase-
ment importun du perroquet et de la pie, et a entendu parler le geai et le corbeau. Cette faculté doit
nous paraître bien étonnante; il n'y a parmi les
animaux que les oiseaux seuls qui en soient doués.
Les grimaces du singe nous étonnent; mais la
parole du perroquet excite une très vive surprise
et presque de l'admiration.

DIVISION DE LA CLASSE DES OISEAUX EN ORDRES

(Règ. an., tom. I.)

La distribution des oiseaux se fonde, comme celle des mammifères, sur les organes de la manducation, ou le bec, et sur ceux de la locomotion, c'est-à-dire les pattes et les ailes. D'après ces considérations, on a partagé la classe des oiseaux en six ordres, les *rapaces*, les *passereaux*, les *grimpeurs*, les *gallinacés*, les *échassiers* et les *palmipèdes*.

Les *rapaces*, qu'on appelle encore *oiseaux de proie*, ont le bec crochu, à pointe recourbée vers le bas, et les narines percées dans une membrane qui revêt toute la base de ce bec; leurs pieds sont armés d'ongles vigoureux. Ils vivent de chair et poursuivent les autres oiseaux; aussi ont-ils pour la plupart le vol puissant. Aigle, faucon, vautour.

Les *passereaux* comprennent beaucoup plus d'espèces que les autres ordres; mais leur organisation offre tant d'analogie, qu'on ne peut les séparer, quoiqu'ils varient beaucoup pour la taille et pour la force. Leurs deux doigts externes sont unis par la base et quelquefois sur une partie de leur longueur. Rossignol, colibri.

On a donné le nom de *grimpeurs* aux oiseaux dont le doigt externe se porte en arrière comme le pouce, parce qu'en effet le plus grand nombre emploie une conformation si favorable à la position verticale pour grimper le long des troncs des arbres. Leur bec varie, et dans quelques espèces il est cunéiforme. Le pic, le perroquet.

Parmi les oiseaux vraiment terrestres, les *galli-nacés* ont, comme notre coq domestique, le port lourd, le vol court, le bec médiocre, la mandibule supérieure voûtée, les narines en partie recouvertes par une écaille molle et renflée, et presque toujours les doigts dentelés au bord. Ils vivent principalement de grains. Le faisan, le paon, le coq et la poule domestiques.

Dans quelques oiseaux nous observons de petites palmures aux doigts, mais surtout des tarses élevés, des jambes dénuées de plumes vers le bas, une taille élancée, en un mot, toutes les dispositions propres à marcher à gué, le long des eaux, pour y chercher leur nourriture. Tel est, en effet, le régime du plus grand nombre; et quoique quelques-uns vivent dans des terrains secs, on les nomme *oiseaux de rivage* ou *échassiers*. Héron, autruche.

Enfin on est frappé des larges palmures qui existent entre les doigts d'une nombreuse famille qu'on distingue quelquefois par le nom d'*oiseaux nageurs*. La position de ces pieds en arrière, la longueur du sternum, le cou souvent plus long que les jambes pour atteindre dans la profondeur des eaux, le plumage serré, poli, impénétrable à l'eau, s'accordent avec les pieds pour faire des palmipèdes de bons navigateurs. Cygne, canard.

Chacun de ces ordres se divise en familles et en genres, principalement d'après la conformation du bec. Mais ces différents groupes passent souvent des uns aux autres par des nuances presque imperceptibles; en sorte qu'il n'est aucune classe où les genres et les sous-genres soient plus difficiles à limiter.

PREMIER ORDRE DES OISEAUX

LES RAPACES, OU OISEAUX DE PROIE

On pourrait dire, absolument parlant, que presque tous les oiseaux vivent de proie, puisque presque tous recherchent et prennent les insectes, les vers et les autres petits animaux vivants; mais on entend par oiseaux de proie ceux qui se nourrissent de chair et font la guerre aux autres oiseaux.

Ces oiseaux ont tous pour habitude naturelle et commune le goût de la chasse et l'appétit du sang, le vol très élevé, l'aile et la jambe fortes, la vue très perçante, la tête grosse, la langue assez charnue, l'estomac simple et membraneux, les intestins moins amples et plus courts que les autres oiseaux; ils habitent de préférence les lieux solitaires, les montagnes désertes, et font communément leur nid dans les trous des rochers ou sur les plus hauts arbres; enfin ils ont encore pour caractères généraux le bec crochu et les quatre doigts bien séparés et armés d'ongles redoutables.

Tous les oiseaux de proie ont plus de dureté dans le naturel et plus de férocité que les autres oiseaux; non seulement ils sont les plus difficiles de tous à priver, mais encore ils ont presque tous l'habitude dénaturée de chasser leurs petits hors du nid bien plus tôt que les autres, et alors qu'ils leur devraient encore des soins et des secours pour leur subsistance. Cette cruauté, comme toutes les autres duretés naturelles, n'est produite que par un sentiment encore plus dur, le besoin pour soi-même et la nécessité. Comme ce n'est qu'en détruisant les autres qu'ils peuvent satisfaire à leurs besoins, et qu'ils ne peuvent les détruire qu'en leur faisant continuellement la guerre, ils portent une âme de colère qui influe sur toutes leurs actions, détruit tous leurs sentiments doux et affaiblit même la tendresse maternelle. Trop pressé]de son propre besoin, l'oiseau de proie n'entend qu'impatiemment et sans pitié les cris de ses petits, d'autant plus affamés qu'ils deviennent plus grands. Si la chasse se trouve difficile, et que la proie vienne à manquer, il les expulse, les frappe, et quelquefois les tue dans un accès de fureur causée par la misère.

L'ordre des rapaces se divise en deux grandes familles, les *rapaces diurnes* et les *rapaces nocturnes*.

RAPACES DIURNES

LES AIGLES

Les aigles ont pour caractères généraux d'avoir le bec droit à sa base, fortement recourbé à sa pointe. Le tarse est emplumé jusqu'à la racine des doigts ; leurs ailes sont aussi longues que la queue, leur vol aussi élevé que rapide, et leur courage surpasse celui de tous les autres oiseaux. C'est à cause de cette dernière considération que les Romains, et avant eux les Perses, l'avaient pris pour leur enseigne militaire.

« L'aigle, dit Buffon, a plusieurs convenances physiques et morales avec le lion : la force, la magnanimité, la tempérance ; quelque affamé qu'il soit, il ne se jette jamais sur les cadavres. Il est encore solitaire comme le lion, habitant d'un désert dont il défend l'entrée et l'usage de la chasse à tous les autres oiseaux. L'aigle a les yeux étincelants

L'aigle.

comme le lion, l'haleine tout aussi forte et le cri également effrayant. Nés tous les deux pour le combat et la proie, ils sont également ennemis de toute société, également féroces, également fiers et difficiles à réduire ; on ne peut les apprivoiser qu'en les prenant tout petits, et encore conservent-ils toujours quelque trace de leur naturel indomptable. C'est de tous les oiseaux celui qui s'élève le plus haut, et c'est par cette raison que les anciens ont appelé l'aigle l'*oiseau céleste*, et qu'ils le regardaient dans les augures comme le messager de Jupiter. Il possède une vue excellente ; mais il n'a que peu d'odorat en comparaison du vautour. Il enlève aisément les oies, les grues, les lièvres et même les petits agneaux et les chevreaux.

« On appelle *aire* son nid, qui est, en effet, tout plat, et non pas creux, comme celui de la plupart des autres oiseaux ; il le place ordinairement entre deux rochers, dans un lieu sec et inaccessible. On assure que le même nid sert à l'aigle pendant toute sa vie ; c'est réellement un ouvrage assez considérable pour n'être fait qu'une fois, et assez solide pour durer longtemps. Il est construit à peu près comme un plancher, avec de petites perches ou bâtons de cinq à six pieds de longueur, appuyés par les deux bouts et traversés par des branches souples, recouvertes de plusieurs lits de jonc, de mousse et de bruyère. Ce plancher ou ce nid est large de plusieurs pieds et assez ferme, non seulement pour soutenir l'aigle et ses petits, mais encore pour supporter le poids d'une grande quantité de vivres. »

Nous sommes forcé d'avouer que quelques-uns des beaux caractères attribués aux aigles par les anciens et par Buffon ne sont pas mérités. L'aigle se jette quelquefois sur la charogne, et s'il n'attaque pas d'ordinaire les petits oiseaux, c'est qu'ils lui échappent facilement au milieu des buissons et n'offrent pas à sa voracité un assez riche butin.

On trouve plus communément en Europe l'*aigle*

royal ou l'*aigle brun*, dont le plumage acquiert des nuances plus foncées à mesure qu'il vieillit. On le trouve fréquemment dans les Pyrénées, les Alpes, les montagnes de l'Auvergne ; on l'a vu quelquefois en Touraine, et jusque dans la forêt de Fontainebleau.

L'*aigle impérial* diffère du précédent par sa taille, qui est moins considérable, et par la différence de sa couleur. Sa voix est sonore, son ardeur excessive, et sa force musculaire peut-être plus grande que dans l'aigle brun ; aussi est-il plus redoutable, et c'est à lui que se rapportent les fables et les récits exagérés que débitaient les anciens sur leur *aigle doré*. Il habite le midi de l'Europe, l'Égypte, etc. Les autres espèces d'aigle sont : l'*aigle criard* ou *petit aigle*, l'*aigle botté*, l'*aigle Malais*, l'*aigle tyran*, l'*aigle à queue étagée*, etc.

LES AIGLES PÊCHEURS

Ces oiseaux se distinguent des précédents en ce que leurs tarses ne sont emplumés que dans leur moitié supérieure et à demi écussonnés sur le reste. L'*orfraie* et la *pygargue* ne forment qu'une seule et même espèce, qui a reçu deux noms à cause de la variété du plumage aux deux principales périodes de sa vie. Il se tient volontiers sur les bords de la mer, et assez souvent dans l'intérieur des terres, mais toujours à portée des grands lacs, des grands fleuves et des rivières poissonneuses. Il chasse principalement au poisson, sur lequel il se précipite avec la rapidité de la foudre, et cherche aussi le butin parmi les quadrupèdes et les autres oiseaux. Comme il est très fort, sa table est toujours richement servie ; il enlève facilement les lièvres, les oies et même les agneaux et les daims. Le pygargue a l'œil disposé de manière à pouvoir chasser la nuit aussi bien que le jour. La cornée transparente se trouve recouverte d'une légère membrane, qui semble empêcher les rayons solaires de frapper la rétine avec trop de vivacité. C'est de lui qu'Aristote disait qu'il regardait fixement le soleil, et qu'il forçait ses petits à en supporter l'éclat. Cette fable, qu'on a voulu ensuite étendre à tous les aigles, a disparu comme bien d'autres depuis que les sciences naturelles sont devenues plus positives. Cet oiseau est commun dans le nord de l'Europe ; on le trouve abondamment sur les côtes de France et d'Angleterre. On rapporte encore à ce genre l'*aigle à tête blanche* et le *petit aigle des Indes,* qui, dans la religion des brahmes, est consacré à Vichnou.

LES HARPIES

Ces oiseaux sont des aigles pêcheurs à ailes courtes, propres au nouveau continent. Quoiqu'on leur ait donné un nom hideusement célèbre dans l'antiquité classique, ces animaux partagent entièrement les mœurs et les habitudes des oiseaux de la même tribu. Leurs tarses sont très gros, très forts et à moitié emplumés ; leur bec et leurs serres sont des armes extrêmement redoutables et plus terribles que dans le grand aigle lui-même. On a dit que d'un coup de bec il pouvait fendre le crâne d'un homme, et que dans ses serres il enlevait un faon ou d'autres animaux d'une taille considérable. Les plumes qui environnent le crâne, par un mouvement musculaire particulier, peuvent se diriger un peu en avant, et donnent à cet oiseau la physionomie extérieure de la chouette. Les voyageurs ont mêlé plusieurs fables à son histoire et ont exagéré certains traits de son caractère, comme ils sont toujours portés à le faire quand ils rapportent des traits qui les ont frappés. L'espèce la mieux connue est la *grande harpie d'Amérique*, appelée quelquefois *aigle destructeur* ou *grand aigle de la Guyane*.

L'AUTOUR

Ce genre a pour caractères d'avoir les ailes plus courtes que les pennes de la queue, le bec courbé dès sa base, et les tarses écussonnés et un peu courts. Cet oiseau, dit Buffon, est féroce, méchant et difficile à priver. Quand on veut le saisir, il commence par se défendre de la griffe, se renverse sur le dos en ouvrant le bec, et cherche beaucoup plus à déchirer avec ses serres qu'à mordre avec le bec. Son naturel est si sanguinaire, que, si on le laisse seul avec plusieurs faucons, il les égorge tous les uns après les autres ; il se jette avec avidité sur la chair saignante, et refuse constamment la viande cuite. Son cri est fort rauque, et finit toujours par des sons aigus, d'autant plus désagréables qu'il le répète plus souvent. Son vol est rapide, mais peu élevé ; il fond sur sa proie avec une extrême rapidité. On place dans ce genre l'*autour proprement dit*, notre *épervier commun* et l'*épervier chanteur*.

L'*autour ordinaire* se trouve communément en France, dans toute l'Europe et jusque dans les climats glacés de la Sibérie. Le plumage de cet oiseau est brun en dessus, blanc en dessous avec des bandes étroites, brunes, se dirigeant transversalement chez l'adulte, et se modifiant en mouchetures longitudinales dans le jeune âge. Cet oiseau aime à se fixer auprès des montagnes boisées, où il se procure une proie plus facile et plus abondante.

Sa nourriture la plus commune consiste en petits oiseaux, jeunes pigeons, écureuils, levrauts et souris. Dans l'ancienne fauconnerie, on parvenait à le dresser à la chasse du canard, du lapin et de la perdrix.

L'*épervier* diffère très peu de l'autour : son plumage offre les mêmes couleurs; mais sa taille est réduite des deux tiers. Il offre aussi à peu près les mêmes habitudes que le précédent, et se contente de faire la chasse aux plus faibles animaux. Il se nourrit de souris, de petits oiseaux, de lézards et même quelquefois de colimaçons. Il se trouve dans toutes les contrées de l'Europe, et on l'employait anciennement dans la fauconnerie. L'*épervier chanteur* offre une robe différente de celle de l'épervier ordinaire : elle est généralement blanche, rayée de roux en dessous, recouverte d'un manteau gris. Cet oiseau se trouve en Afrique; il est remarquable en ce qu'il est la seule espèce d'oiseau de proie dont le chant soit agréable.

LE MILAN ET LES BUSES

Les caractères génériques du milan sont d'avoir les ailes extrêmement longues, la queue fourchue, des tarses courts, des ongles faibles et un bec moins fortement arqué que chez les précédents. Les buses s'en distinguent par des tarses emplumés jusqu'aux doigts et par leur bec recourbé dès la base. Leurs mœurs sont à peu près semblables.

Les milans et les buses, oiseaux immondes, ignobles et lâches, se rapprochent des vautours par le naturel et les mœurs. Ils fréquentent de près les lieux habités, et restent rarement dans les déserts ; ils préfèrent les plaines et les collines fertiles aux montagnes stériles. Comme toute proie leur est bonne, que toute nourriture leur convient, et que plus la terre produit de végétaux, plus elle est en même temps peuplée d'insectes, de reptiles, d'oiseaux et de petits animaux, ils établissent ordinairement leur domicile au pied des montagnes, dans les terres les plus vivantes, les plus abondantes en gibier de toute espèce. Sans être courageux, ils ne sont pas timides ; ils ont une sorte de stupidité féroce qui leur donne l'air de l'audace tranquille, et semble leur ôter la connaissance du danger. On les approche, on les tue bien plus facilement que les aigles et les autours. Détenus en captivité, ils sont encore moins susceptibles d'éducation : de tout temps on les a proscrits, rayés de la liste des oiseaux nobles, et rejetés de l'école de la fauconnerie.

Le milan a le vol très aisé ; aussi passe-t-il sa vie dans l'air ; il ne se repose presque jamais et parcourt chaque jour des espaces immenses ; et ce grand mouvement n'est point un exercice de chasse ni de poursuite de proie ; mais il semble que le vol soit son état naturel, sa situation favorite. On ne peut s'empêcher d'admirer la manière dont il l'exécute : ses ailes longues et étroites paraissent immobiles ; c'est la queue qui semble diriger toutes ses évolutions, et elle agit sans cesse ; son action ne semble coûter aucun effort; il s'abaisse comme s'il glissait sur un plan incliné; il semble plutôt nager que voler; il précipite sa course, il la ralentit, s'arrête et reste comme suspendu ou fixé à la même place pendant des heures entières, sans qu'on puisse apercevoir aucun mouvement dans ses ailes.

Il n'y a dans notre climat qu'une seule espèce de milan, qu'on nomme *milan royal* parce qu'il servait aux plaisirs des princes, qui lui faisaient donner la chasse et livrer combat par le faucon ou l'épervier. On voit, en effet, avec plaisir cet oiseau lâche refuser de combattre et fuir devant l'épervier, beaucoup plus petit que lui, toujours en tournoyant et s'élevant, comme pour se cacher dans les nues, jusqu'à ce que celui-ci l'atteigne, le rabatte à coups d'ailes, de serres et de bec, et le ramène à terre, moins blessé que battu, et plus vaincu par la peur que par la force de son ennemi.

Sa vue est aussi perçante que son vol est rapide; il se tient souvent à une si grande hauteur, qu'il échappe à nos yeux, et c'est de là qu'il vise sa proie ou sa pâture, et se laisse tomber sur tout ce qu'il peut dévorer ou enlever sans résistance; c'est surtout aux jeunes poussins qu'il s'attaque; mais la colère de la mère poule suffit pour le repousser et l'éloigner.

Nous n'avons dans notre climat que la *buse pattue* et la *buse commune*, oiseaux de proie les plus nuisibles dans nos contrées. Ces oiseaux demeurent toute l'année dans nos forêts, tombent sur leur proie du haut d'un arbre ou d'une butte, et détruisent beaucoup de gibier.

LES BONDRÉES ET LES BUSARDS

Les bondrées et les busards ont, avec le bec faible du milan, l'intervalle entre l'œil et le bec couvert de plumes bien serrées et coupées en écailles ; leurs tarses sont à demi emplumés vers le haut et réticulés. Il ne se trouve chez nous qu'une seule espèce de bondrée, celle appelée *bondrée commune*, qui se nourrit principalement d'insectes, et surtout de ceux de l'ordre des hyménoptères, comme les guêpes et les abeilles.

Les busards sont plus agiles et plus rusés que les buses, mais moins audacieux que les faucons, dont nous allons bientôt parler ; et ils saisissent leur proie à terre, jamais au vol. On les rencontre en général dans les joncs et les marais. Nous en possédons en France trois espèces, que de simples variations de plumage ont fait singulièrement multiplier par les nomenclateurs. La *soubuse,* qui se trouve aussi en Afrique et en Amérique, est brune dessus, fauve, tachetée longitudinalement de brun dessous, et a l'extrémité caudale blanche. L'*oiseau saint-martin* cendré, à pennes des ailes noires, n'est que le mâle de la seconde année. Cette espèce niche par terre, se tient beaucoup dans les champs, vole près de terre, chasse sur le soir aux rats, aux jeunes perdreaux, etc. Les deux autres espèces sont le *busard cendré* et la *harpaye* ou *busard des marais.* Ces deux oiseaux se rencontrent presque toujours sur le bord des eaux, où ils chassent aux poissons, aux reptiles, aux grenouilles.

LE FAUCON

L'homme n'a point influé sur la nature du faucon; quelque utile aux plaisirs, quelque agréable qu'il soit pour le faste des princes chasseurs, jamais on n'a pu en élever en multipliant l'espèce; on dompte à la vérité le naturel féroce de ces oiseaux par la force de l'art et des privations. On leur fait acheter leur vie par des mouvements qu'on leur commande; chaque morceau de leur subsistance ne leur est accordé que pour un service rendu. On les attache, on les garrotte, on les affuble, on les prive même de la lumière et de toute nourriture pour les rendre plus dépendants, plus dociles, et ajouter à leur vivacité naturelle l'impétuosité du besoin. Mais ils servent par nécessité, par habitude et sans attachement; ils demeurent captifs sans devenir domestiques; l'individu seul est esclave, l'espèce est toujours libre, toujours également éloignée de l'empire de l'homme.

Le faucon est peut-être l'oiseau dont le courage est le plus franc, le plus grand, relativement à ses forces; il fond sans détour perpendiculairement sur sa proie, au lieu que l'autour et la plupart des autres arrivent de côté; aussi prend-on l'autour avec des filets dans lesquels le faucon ne s'empêtre jamais. Il tombe à plomb sur l'oiseau victime, exposé au milieu de l'enceinte des filets, le tue, le mange sur le lieu, et se relève perpendiculairement. S'il y a quelque faisanderie dans son voisinage, il choisit cette proie de préférence. On le voit fréquemment attaquer le milan, soit pour exercer son courage, soit pour lui enlever sa proie ; mais il lui fait plutôt la honte que la guerre ; il le traite comme un lâche, le chasse, le frappe avec dédain, et ne le met point à mort, parce que le milan se défend mal, et que probablement sa chair répugne au faucon encore plus que sa lâcheté ne lui déplaît.

Les espèces du genre faucon les plus remarquables et les mieux connues sont le *faucon ordinaire*, le *lanier*, l'*émérillon*, la *crécerelle* et le *gerfaut*, le plus estimé dans les écoles de la fauconnerie.

Nous allons extraire du *Spectacle de la nature* de l'abbé Pluche quelques détails sur la chasse au faucon et sur la manière de dresser et d'instruire cet oiseau. (*Spect. de la nat.*, entr. XI.)

La manière dont on dresse les faucons et dont on les met en œuvre est fort agréable. Ceux qu'on élève à cet exercice sont ou des oiseaux *niais* ou des oiseaux *hagards*. On appelle oiseaux niais ou béjaunes ceux qui ont été pris dans le nid et qui ne sont pas encore sortis. On appelle oiseaux hagards ceux qui ont joui de la liberté avant d'être pris : ceux-ci sont plus difficiles à apprivoiser ; mais avec un peu de patience et d'adresse on parvient, comme on dit en terme de fauconnerie, à les rendre *gracieux* et de bonne affaire. Quand ils sont trop farouches, on les empêche de dormir pendant trois à quatre jours et autant de nuits ; on est toujours avec eux ; de cette sorte ils se familiarisent avec le fauconnier, et font enfin tout ce qu'il veut. Son principal soin est de les accoutumer à se tenir sur le poing, à partir quand il les jette, à connaître sa voix, son chant, ou tel autre signal qu'il leur donne, et à revenir à son ordre sur le poing. On les attache d'abord avec une filière ou une ficelle qu'on allonge jusqu'à cinquante à soixante pieds, pour les empêcher de fuir lorsqu'on les *réclame*, jusqu'à ce qu'ils soient *assurés* et ne manquent plus de revenir au rappel. Pour amener l'oiseau à ce point, il le faut *leurrer;* et voici en quoi consiste le *leurre.*

Le *leurre* est un morceau d'étoffe ou de bois rouge, garni de bec, d'ongles et d'ailes. On y attache de quoi paître l'oiseau. On lui jette le *leurre* quand on veut le réclamer ou l'appeler, et la vue d'une nourriture qu'il aime, jointe à un certain bruit, le ramène bientôt. Dans la suite la voix seule suffira. Veut-on accoutumer le faucon à la chasse du milan, du héron ou du perdreau, on change le plumage du leurre suivant le but qu'on se propose. Pour affriander l'oiseau à son objet, on attache sur le leurre de la chair de poulet, mais cachée sous les plumes du gibier qu'on a en vue. On y ajoute du sucre, de la cannelle, de la moelle et autres choses propres à échauffer le faucon à une chasse plutôt qu'à une autre, de sorte que par la suite, quand il s'agira de chasser tout de bon, il tombe sur sa proie avec une ardeur merveilleuse. Après trois semaines ou un mois d'exercice à la chambre ou au jardin, on commence à essayer l'oiseau en pleine campagne. On lui attache des sonnettes ou des grelots aux pieds pour être instruit de ses mouvements. On le tient toujours chaperonné, c'est-à-dire la tête couverte d'un cuir qui descend sur les yeux, afin qu'il ne voie que ce qu'on veut lui montrer; et sitôt que les chiens arrêtent ou font voler le gibier que l'on cherche, le fauconnier déchaperonne l'oiseau et le jette en l'air après sa proie. C'est alors une chose divertissante que de le voir ramer, planer, voler en pointe, monter et s'élever par degrés et à reprises jusqu'à le perdre de vue dans la moyenne région de l'air. Il domine sur la plaine :

il étudie les mouvements de sa proie, que l'éloignement de l'ennemi a rassurée; puis tout à coup il fond dessus comme un trait et la rapporte à son maître qui le réclame. On ne manque pas, dans les commencements surtout, de lui donner *gorgechaude* quand il est retourné sur le poing, c'est-à-dire qu'on lui abandonne certaines parties de la proie qu'il a rapportée. Ces récompenses et les autres caresses du fauconnier animent l'oiseau à bien faire, à n'être pas libertin ou *dépiteux*, surtout à ne pas *emporter ses sonnettes*, c'est-à-dire à ne pas s'enfuir pour ne plus revenir, ce qui leur arrive quelquefois.

On peut dresser les faucons à la chasse du lièvre, du lapin, et même du chevreuil, du sanglier et du loup.

On accoutume de bonne heure les jeunes faucons à manger ce qu'on leur a préparé dans le creux des yeux d'un loup, ou d'un sanglier, ou d'une bête fauve. On garde pour cela la peau d'un de ces animaux; on le fait empailler de manière que l'animal paraisse vivant; et ces faucons n'ont à manger que ce qu'ils vont prendre par l'ouverture des yeux dans le vide de la tête. Ensuite on commence à faire mouvoir peu à peu cette figure, tandis que le faucon y mange. L'oiseau apprend à s'y affermir, quoiqu'on fasse avancer ou reculer la bête à pas précipités. Il perdrait son repas s'il lâchait prise, ce qui le rend industrieux et attentif à se bien cramponner sur le crâne pour introduire son bec dans l'œil malgré le mouvement. Quand on mène à la chasse l'oiseau ainsi exercé, il ne manque pas de fondre sur la première bête qu'il aperçoit, et de se planter d'abord sur la tête pour lui becqueter les yeux. Il la désole, l'arrête, et donne ainsi le temps au chasseur de venir et de la tuer sans risque, lorsqu'elle est plus occupée de l'oiseau que du chasseur.

La chasse au faucon était un des principaux exercices des seigneurs au moyen âge et un de leurs nombreux privilèges. Seuls ils avaient le droit d'élever des faucons et de les porter en public sur le poing. Cet usage est tombé aujourd'hui en désuétude par toute l'Europe. Dans quelques cantons de la Belgique on trouve encore des gens qui élèvent et instruisent des faucons pour les vendre aux seigneurs allemands, parmi lesquels quelques-uns sont jaloux de voir règner comme aux anciens jours ce ridicule privilège.

DES VAUTOURS

Les vautours ont pour caractères généraux les yeux à fleur de tête, les tarses réticulés, c'est-à-dire couverts de petites écailles; le bec allongé, recourbé seulement au bout, et une partie plus ou moins considérable de la tête ou même du cou dénuée de plumes. La force de leurs serres ne répond pas à leur grandeur, et ils se servent plutôt de leur bec que de leurs griffes. Leurs ailes sont si longues, qu'en marchant ils les tiennent à demi étendues. Les vautours proprement dits ne se trouvent que dans l'ancien continent.

On a donné aux aigles le premier rang parmi les oiseaux de proie, non parce qu'ils sont plus forts et plus grands que les vautours, mais parce qu'ils sont plus généreux, c'est-à-dire moins bassement cruels; leurs mœurs sont plus fières, leur démarche plus hardie, leur courage plus noble, ayant au moins

autant de goût pour la guerre que d'appétit pour
la proie. Les vautours, au contraire, n'ont que
l'instinct de la basse gourmandise et de la voracité;
ils ne combattent guère les vivants que quand ils

Le vautour.

ne peuvent s'assouvir sur les morts. L'aigle attaque
ses ennemis ou ses victimes corps à corps; seul, il
les poursuit, les combat, les saisit; les vautours,
au contraire, pour peu qu'ils prévoient de la ré-

sistance, se réunissent en groupes comme de lâches assassins; ils sont plutôt des voleurs que des guerriers; car parmi les oiseaux rapaces il n'y a qu'eux qui se mettent en nombre et plusieurs contre un, il n'y a qu'eux qui s'acharnent sur les cadavres jusqu'à les déchiqueter jusqu'aux os; l'infection les attire au lieu de les repousser. Les éperviers, les faucons, et jusqu'aux plus petits oiseaux, montrent plus de courage; car ils chassent seuls, et presque tous dédaignent la chair morte et refusent celle qui est corrompue. Dans les oiseaux comparés aux quadrupèdes, le vautour semble réunir la force et la cruauté du tigre avec la lâcheté et la gourmandise du chacal, qui se met également en troupes pour dévorer les charognes et déterrer les cadavres; tandis que l'aigle a, comme nous l'avons dit, le courage, la noblesse, la magnanimité et la munificence du lion:

Le *vautour fauve* est paresseux à la chasse, pesant au vol, toujours criant, lamentant, toujours affamé et cherchant des cadavres. En général, cet oiseau est d'une vilaine figure, et dégoûtant par l'écoulement continuel d'une humeur fétide qui sort de ses narines. Il a le jabot proéminent et formant une grosse saillie au-dessus de la fourchette. Cette espèce se trouve dans les Alpes, les Pyrénées et en Grèce.

Les autres espèces sont le *vautour brun*, l'*oricou*, le *roi des vautours* et le *condor*. Ce dernier est devenu très célèbre par les récits des voyageurs et par les exagérations de sa taille. Il a trois mètres et demi à quatre mètres d'envergure, le bec et les serres proportionnés. Il est d'une telle force, qu'il ravit et dévore une brebis entière, qu'il n'épargne même pas les cerfs, et qu'il renverse un homme. Il a le bec si

fort, qu'il peut percer le cuir épais qui recouvre le
bœuf, et que deux de ces oiseaux, disent les voyageurs, peuvent en tuer et en manger un. Ils ont les
serres grosses, fortes et crochues, et les Indiens
d'Amérique assurent qu'ils saisissent et emportent
une biche ou une génisse comme ils feraient d'un
lapin. Leur chair est coriace et sent la charogne.
On trouve ces oiseaux sur les sommets de la Cordi-
lière des Andes, dans l'Amérique méridionale.

LE PERCNOPTÈRE

Le percnoptère est beaucoup moins gros et moins
fort que les vautours propres; aussi est-il encore
plus acharné sur les cadavres et dévore-t-il toutes
les espèces d'immondices, qui l'attirent de fort loin,
Le *percnoptère d'Égypte* vit par troupes dans les
terres stériles et sablonneuses qui avoisinent les
Pyramides. Cet oiseau, comme l'ibis, rendait de
très grands services en dévorant les serpents et
autres bêtes immondes qui, à la suite des inonda-
tions, infestent l'Égypte. Aussi les premiers peuples
de ces contrées lui accordaient-ils une part dans
l'encens qu'ils offraient à tous les animaux qui leur
rendaient quelques services, et l'ont-ils représenté
très souvent sur leurs monuments. De nos jours
encore, le percnoptère, connu sous le nom de *poule
de Pharaon*, est en grande vénération chez les musulmans; il vient quelquefois par troupes dans
l'enceinte des villes, qu'il purifie de leurs immondices; non seulement on ne lui fait aucun mal,
mais encore on voit de dévots musulmans qui lè-
guent de quoi en entretenir un certain nombre.

Nous ne pourrions passer outre sans faire remarquer ici l'action d'une Providence toute paternelle qui veille sans cesse sur ses œuvres. Dans tous les climats ardents, où l'action de la chaleur développe plus promptement la décomposition putride de tous les corps, nous trouvons quelques animaux dont le but unique est de faire disparaître ces substances en décomposition qui laissent échapper dans l'air des émanations délétères. Nous voyons dans la classe des insectes plusieurs familles nombreuses, celles des coprophages, des nécrophages, etc., employées à purger la surface de la terre des ordures qui la souillent, et à rendre plus promptement à la masse générale des éléments les matériaux qu'elles renferment. Parmi les quadrupèdes, le chacal, l'hyène et plusieurs autres sont chargés de faire disparaître les plus gros cadavres, et les vautours, les percnoptères, viennent les aider ou les remplacer dans certaines contrées. C'est dans cette tribu des oiseaux rapaces qu'on remarque le sens de l'odorat le plus développé : aussi ces animaux sont attirés de fort loin par les émanations qui sortent des corps en putréfaction. Tout en eux est organisé dans des rapports parfaits avec la fonction qu'ils doivent accomplir.

LE MESSAGER OU SECRÉTAIRE

Le messager est un oiseau de proie d'Afrique qui a les tarses extrêmement développés par comparaison avec ceux que nous avons étudiés précédemment, ce qui le fait placer dans l'ordre des échassiers par quelques naturalistes. Mais ses jambes

entièrement couvertes de plumes, son bec crochu
et fendu, ses sourcils saillants, et tous les détails
de son anatomie le rapprochent des rapaces. On a
donné à cet oiseau le nom de *secrétaire*, parce
qu'il porte de longues plumes derrière la tête, et
plus souvent le nom de *messager*, parce qu'il a
pour habitude de marcher à grands pas à la poursuite des reptiles, et surtout des serpents, dont il
fait sa principale nourriture. M. Cuvier a proposé
le nom de *serpentaire*, plus en rapport avec ses
instincts de chasse. Ses ongles sont usés par la
marche : aussi en fait-il peu usage pour saisir sa
proie ; mais ses ailes sont munies à leur partie antérieure d'un assez fort éperon, dont il se sert pour
étourdir sa proie et la dévorer ensuite avec moins
de danger. Il détruit ainsi un grand nombre de
serpents venimeux ; il habite les lieux secs et arides
des environs du cap de Bonne-Espérance. On a
essayé de le multiplier à la Martinique, où il pourrait rendre les plus grands services en détruisant la
vipère jaune ou trigonocéphale fer de lance.

RAPACES NOCTURNES

Les oiseaux de proie nocturnes ont la tête grosse,
quoique stupide, de très grands yeux dirigés en
avant, entourés d'un cercle de plumes effilées, dont
les antérieures recouvrent la cime du bec, et les
postérieures le conduit auditif. Leur crâne épais,
mais d'une substance légère, a de grandes cavités

qui communiquent avec l'oreille et renfoncent probablement le sens de l'ouïe ; mais l'appareil relatif
au vol n'a pas une grande force ; leur fourchette est
peu résistante ; leurs plumes, à barbes douces, finement duvetées, ne font aucun bruit en volant.

Les yeux de ces oiseaux sont d'une sensibilité si
grande, qu'ils paraissent être éblouis par la clarté
du jour, et entièrement offusqués par les rayons
du soleil ; et il leur faut une lumière plus douce,
telle que celle de l'aurore naissante ou du crépuscule tombant. C'est alors qu'ils sortent de leurs retraites pour chasser ou plutôt pour chercher leur
proie, et ils font cette quête avec grand avantage,
car ils trouvent dans ce temps les autres oiseaux
ou les petits animaux endormis ou près de l'être.
Les nuits où la lune brille sont pour eux les plus
beaux jours, les jours de plaisirs, les jours d'abondance, pendant lesquels ils chassent durant plusieurs heures de suite et se pourvoient d'amples
provisions. Les nuits où la lune fait défaut sont
beaucoup moins heureuses : ils n'ont guère qu'une
heure le soir et une heure le matin pour chercher
leur subsistance. Il ne faut pas croire que la vue de
ces oiseaux, qui s'exerce si parfaitement à une si
faible lumière, puisse se passer de toute lumière, et
qu'elle perce, en effet, l'obscurité la plus profonde ;
dès que la nuit est bien close, ils cessent de voir,
comme les autres animaux. La vue de ces oiseaux
est si fort offusquée pendant le jour, qu'ils sont
obligés de se tenir dans le même lieu sans bouger,
et que, quand on les force d'en sortir, ils ne peuvent
faire que de très petites courses, des vols courts et
lents, de peur de se heurter ; les autres oiseaux,
qui s'aperçoivent de leur crainte ou de la gêne de
leur situation, viennent à l'envi les insulter ; les

mésanges, les pinsons, les rouges-gorges, les
merles, les geais, les grives, etc., arrivent à la
file : l'oiseau de nuit, perché sur une branche,
immobile, étonné, entend leurs mouvements, leurs
cris qui redoublent sans cesse, parce qu'il n'y
répond que par des gestes niais, en tournant sa
tête, ses yeux et son corps d'un air ridicule. Il se
laisse même assaillir et frapper sans se défendre ;
les plus petits, les plus faibles de ses ennemis sont
les plus ardents à le tourmenter, les plus opiniâtres
à le huer. Quelques chouettes, celles qui ont la
tête lisse, et dont la queue courte, arrondie, est
dépassée par les ailes, voient, au contraire, assez
bien en plein jour pour guetter alors leur proie
dans l'épaisseur des forêts ou la poursuivre à tire-
d'aile. Le cri de tous ces oiseaux est lugubre, et
cette circonstance, jointe à l'heure où il se fait ordinairement entendre, y a fait attacher par le vulgaire des idées superstitieuses. Dans nos campagnes,
les chouettes sont encore généralement un sujet
d'effroi : et cependant, loin d'être nuisibles ; elles
rendent réellement des services à l'agriculture par
la destruction qu'elles font des mulots et des rats.

La classification des rapaces nocturnes présente
de grandes difficultés, parce que tous ces oiseaux
se ressemblent parfaitement, et que des nuances
presque insensibles peuvent établir une transition
non interrompue d'un genre à un autre genre.
Quelques chouettes ont la tête ornée d'aigrettes.
Les plumes qui environnent les yeux varient d'é-
paisseur, et, dans l'étendue du cercle qu'elles
forment, la conque auditive offre des grandeurs
différentes ; c'est sur ces caractères fugitifs que
M. Cuvier a établi ses coupes génériques.

LE GRAND DUC

C'est le plus grand des oiseaux de nuit ; il est généralement fauve, avec une mèche et des poin-

Le grand duc.

tillures latérales brunes sur chaque plume ; ses aigrettes sont presque toutes noires.

Les poètes ont dédié l'aigle à Jupiter et le grand
duc à Junon. C'est, en effet, l'aigle de la nuit et le
roi de cette nombreuse tribu d'oiseaux qui craignent
la lumière du jour et ne volent que quand elle
s'éteint. Il n'habite que les rochers et les vieilles
tours abandonnées situées au-dessus des montagnes ;
il descend rarement dans les plaines, et ne se
perche pas volontiers sur les arbres, mais sur les
églises écartées et sur les vieux châteaux. Il chasse
le plus ordinairement les jeunes lièvres, les lapins,
les taupes, les mulots, les souris, qu'il avale tout
entiers, dont il digère la substance charnue, et
vomit le poil, les os, la peau, en petites pelotes
arrondies ; il mange aussi les chauves-souris, les
serpents, les lézards, les grenouilles, et en nourrit
ses petits. Il chasse alors avec tant d'activité, que
son nid regorge de provisions ; il en rassemble plus
qu'aucun autre oiseau de proie. En général, tous
les oiseaux nocturnes exposés à la lumière du jour
font des gestes ridicules ; ces gestes se réduisent à
une contenance étonnée, à de fréquents tourne-
ments de cou, à des mouvements de tête, en haut,
en bas et de tous côtés, à des craquements de bec,
à des trépidations de jambes. Le grand duc se trouve
principalement dans les vastes forêts du nord de
l'Europe.

LE HIBOU

Les hiboux proprement dits ont sur le front deux
aigrettes de plumes qu'ils relèvent à volonté ; leurs
pieds sont garnis de plumes jusqu'aux ongles. Le
hibou commun ou moyen duc de Buffon est assez

répandu en France; on le trouve ordinairement
dans les lieux garnis de bois, ou aux environs des
vieilles masures en ruines, où il fait entendre
pendant la nuit un cri gémissant qui effraye beau-

Le hibou.

coup les gens des campagnes. Il s'empare quelquefois des nids abandonnés des corbeaux et des pies.
La *chouette* est beaucoup plus répandue que l'espèce
précédente; on l'a trouvée presque sur tout le globe.
Cette espèce se fait distinguer en ce que ses huppes

sont très petites, et se relèvent si rarement, qu'elles n'ont presque jamais été remarquées par les naturalistes. On connaît un grand nombre d'espèces dans le genre hibou ; les hiboux les plus remarquables sont le *grand hibou d'Afrique*, le *hibou à joues blanches* et le *hibou à gros bec*.

L'EFFRAIE

L'effraie, qu'on appelle communément la chouette des clochers, effraye, en effet, par ses soufflements, ses cris âcres et lugubres, et sa voix entrecoupée, qu'elle fait souvent retentir dans le silence de la nuit. Elle est, pour ainsi dire, domestique, et habite au milieu des villes les mieux peuplées ; les tours, les clochers, les toits des églises et des autres bâtiments élevés lui servent de retraite pendant le jour, et elle en sort à l'heure du crépuscule ; son soufflement, qu'elle réitère sans cesse, ressemble au souffle d'un homme qui respire péniblement. Elle pousse encore, en volant et en se reposant, différents sons aigres, tous si désagréables, que cela, joint à l'idée du voisinage des cimetières et encore à l'obscurité de la nuit, inspire de l'horreur et de la crainte aux enfants, aux femmes et même aux hommes soumis aux mêmes préjugés. Ils regardent l'effraie comme l'oiseau funèbre, comme le messager de la mort ; ils croient que quand il se fixe sur une maison et qu'il y fait entendre une voix différente de ses cris ordinaires, c'est pour appeler quelqu'un au cimetière.

L'effraie a le plumage piqueté très finement de blanc sur un fond fauve brunâtre. Elle paraît répandue dans toutes les contrées de la terre.

LE CHAT·HUANT

Les chats-huants diffèrent très peu extérieurement des effraies ; leur corps est couvert partout de taches longitudinales, brunes, déchirées sur les côtes en dentelures transverses ; on trouve des taches blanches aux scapulaires et vers le bord antérieur de l'aile. Le chat-huant se tient pendant l'été dans les bois, dans quelque trou d'un arbre creux ; mais pendant l'hiver il s'approche quelquefois de nos habitations. Il chasse et prend les petits oiseaux, et plus encore les rats, les souris et les campagnols. Ou donne quelquefois au chat-huant le nom de *hulotte* ou de *chouette des bois*.

DEUXIÈME ORDRE DES OISEAUX

LES PASSEREAUX

L'ordre des passereaux est le plus nombreux de toute la classe. Son caractère semble d'abord purement négatif ; car il embrasse tous les oiseaux de petite et de moyenne taille qui ne peuvent être rapportés aux rapaces, aux gallinacés, aux grimpeurs, etc. Cependant nous retrouvons dans tous les détails de leur organisation de grands rapports de ressemblance. Nous voyons aussi que les pieds et le bec, qui sont toujours pour nous deux parties caractéristiques, ont de grands traits de conformité dans leurs dispositions essentielles.

Ils n'ont ni la violence des oiseaux de proie ni le régime déterminé des gallinacés ou des palmipèdes ; les insectes, les fruits, les grains, fournissent à leur nourriture : les grains, d'autant plus exclusivement que leur bec est plus gros ; les insectes, qu'il est plus grêle. Ceux qui l'ont fort, comme les pies-grièches, poursuivent même les petits oiseaux. Les passereaux ont en général des formes élancées et légères, et le vol d'une puissance variable, suivant que le sternum a son échancrure postérieure plus ou moins ossifiée. Le canal digestif est en général d'une structure simple, et leur estomac est en forme de gésier musculeux. Le larynx inférieur présente une plus grande complication que dans tous les oiseaux des autres ordres ; aussi c'est parmi les passereaux que nous trouvons tous les oiseaux chanteurs. Ce dernier privilège, le plus beau talent que leur ait accordé la nature, paraît leur être si exclusivement attribué, que plusieurs naturalistes désignent l'ordre entier par le nom d'*oiseaux chanteurs*. Nous devons néanmoins convenir que quelques-uns n'ont pas reçu le don du chant, et que leur voix ne consiste qu'en un cri monotone et désagréable, comme nous avons eu occasion de le ramarquer chez le corbeau et la corneille.

Nous avons déjà dit qu'on trouvait de grands obstacle à vaincre pour établir dans cet ordre des coupes génériques bien tranchées et irréprochables suivant les principes des harmonies naturelles. M. Cuvier a partagé ces oiseaux en cinq familles : les *dentirostres*, les *conirostres*, les *fissirostres*, les *ténuirostres* et les *syndactyles*. Les quatre premières divisions ont le membre inférieur dans de grands rapports de ressemblance, tandis que la dernière offre cette particularité, que les deux doigts externes sont réunis par une membrane spéciale dans presque toute leur longueur.

Ire FAMILLE DES PASSEREAUX

— LES DENTIROSTRES

Les passereaux dentirostres ont le bec un peu recourbé vers son extrémité, et présentant quelques légères échancrures près de sa pointe. Nous remarquons de genre à genre quelques fugitives modifications, qui ont servi néanmoins à préciser des caractères génériques. C'est dans cette famille que se trouvent spécialement les oiseaux insectivores; presque tous cependant mangent également des baies et des fruits.

LES PIES-GRIÈCHES

Ces oiseaux, quoique petits, quoique délicats de corps et de membres, devraient néanmoins, par leur courage, par leur bec large, fort et crochu, par leur appétit pour la chair, être mis au rang des oiseaux de proie, même des plus fiers et des plus sanguinaires. On est toujours étonné de l'intrépidité avec laquelle une petite pie-grièche combat contre les pies, les corneilles, les cresserelles, tous oiseaux beaucoup plus grands et plus forts qu'elle;

non seulement elle combat pour se défendre, mais souvent elle attaque, et toujours avec avantage, surtout lorsque le couple se réunit pour éloigner de ses petits les oiseaux de rapine. Les oiseaux de proie les plus braves respectent les pies-grièches ; les milans, les buses, les corbeaux, paraissent les craindre et les fuir plutôt que les chercher ; rien dans la nature ne peint mieux la puissance et les droits du courage, que de voir ce petit oiseau, qui n'est guère plus gros qu'une alouette, voler de pair avec les éperviers, les faucons et tous les autres tyrans de l'air, sans les redouter, et chasser dans leur domaine sans crainte d'en être puni. Car, quoique les pies-grèches se nourrissent communément d'insectes, elles aiment la chair de préférence, elles poursuivent au vol tous les petits oiseaux ; on en a vu prendre des perdreaux et de jeunes levrauts. Les grives, les merles et les autres oiseaux pris au lacet ou au piège deviennent leur proie la plus ordinaire ; elles les saisissent avec leurs ongles, leur crèvent la tête, serrent et déchiquettent leur cou ; et, après les avoir étranglés ou tués, elles les plument pour les manger, les dépecer à leur aise et en emporter dans leur nid les débris en lambeaux.

La pie-grièche commune est de la taille d'une grive, cendrée en dessus, blanche en dessous, avec les ailes et la queue noires ; elle habite presque toute l'Europe. Nous possédons quelques autres espèces qui sont plus petites ; l'une d'elles a reçu le nom d'*écorcheur*, à cause de la manière dont elle dépèce sa proie après l'avoir accrochée aux épines des buissons ; elle détruit une grande quantité d'insectes, et s'empare aussi des petits oiseaux, de jeunes grenouilles, etc. ; cette petite pie-grièche arrive chez nous au printemps et nous quitte en automne.

LES GOBE-MOUCHES

Le principal caractère qui sert à distinguer ce genre du précédent est tiré de la forme du bec, qui est comprimé dans les pies-grièches, tandis que dans les gobe-mouches il est aplati et déprimé. En outre ces derniers ont la base du bec garnie de poils raides dont l'usage est assez difficile à apprécier, mais qui contribuent à donner à la physionomie de l'oiseau un air plus décidé et plus redoutable. D'ailleurs le reste de la conformation a les plus grands rapports avec celle des pies-grièches : aussi nous trouvons une grande ressemblance de mœurs et d'habitudes ; leur naturel est également méchant et querelleur. Les petites espèces se nourrissent d'insectes à téguments mous, et principalement de mouches, comme l'indique leur nom. Les espèces dont la taille est plus considérable et les mandibules plus fortes y ajoutent des orthoptères et des coléoptères, et même de petits oiseaux. On rencontre les gobe-mouches surtout dans les pays chauds, dans les endroits où une nature féconde, vivifiée par un soleil ardent, nourrit un grand nombre de végétaux, et par conséquent une prodigieuse quantité de petits insectes qui y trouvent les circonstances propres à leur développement et à leur existence. Ceux qui vivent dans les climats tempérés vont se réfugier sous des latitudes plus chaudes quand vient la saison rigoureuse. Ces oiseaux n'ont point les mœurs joyeuses et vives de beaucoup d'autres oiseaux : ils vivent solitaires et isolés sur les branches des arbres, et ne font entendre qu'à des intervalles éloignés un cri aigre et désagréable. Ils passent presque toute leur vie dans l'air, occupés à poursuivre les insectes qui font leur nourriture.

Ces oiseaux font leur nid avec négligence, et le placent dans les troncs d'arbres et dans les trous de murailles. Quelques racines mal arrangées, et tapissées de laine et de duvet, sont les seuls préparatifs qu'ils fassent pour déposer leurs œufs. Ils montrent la plus grande tendresse pour leur postérité naissante, et défendent leurs petits avec le même courage et la même intrépidité que les pies-grièches, sans redouter aucun ennemi, même les oiseaux de proie les plus vigoureux. On trouve quelquefois en France le *gobe-mouches à collier* et le *gobe-mouches gris;* ces deux jolis oiseaux nous quittent avec les beaux jours, pour ne revenir qu'avec eux.

LES COTINGAS

La forme du bec de ces oiseaux est tout à fait semblable à celle que nous venons d'observer chez les gobe-mouches; mais chez eux l'organe est moins développé, moins échancré et beaucoup moins aigu. Quoique les cotingas soient généralement d'une taille plus considérable que les précédents, cependant ils vivent exclusivement de baies et d'insectes, sans jamais chasser les petits oiseaux.

Il est peu d'oiseaux d'un aussi beau plumage que ceux de ce genre; on dirait que la nature a pris plaisir à répandre sur leur corps les plus magnifiques couleurs : sans avoir de reflets métalliques comme les colibris, les oiseaux de paradis, etc., ils ne sont inférieurs en beauté qu'à un petit nombre d'entre eux. Le bleu d'azur ou d'outremer, le pourpre, le blanc et le noir purs forment une parure qui ne le cède à celle d'aucun autre oiseau. Mais leurs mœurs sont loin d'être en rapport avec ces dehors séduisants ; tristes, défiants et même farouches, ils ne recherchent que les forêts profondes, où ils vivent d'insectes, de fruits ou de jeunes bourgeons. Ils sont presque tous voyageurs, et dans leurs migrations, au lieu d'aller par troupes, ils volent presque toujours isolés ou du moins par petites familles. Jamais leur voix n'est agréable ; elle consiste en un petit cri triste et plaintif qui n'inspire que de l'ennui ; quelques espèces même demeurent toujours silencieuses.

Nous ne possédons aucune espèce de ce genre dans nos contrées ; néanmoins on en trouve dans presque toutes les collections ornithologiques, parce qu'on les recherche à cause de la beauté et de la variété de leur plumage. Les voyageurs nous en apportent toujours un nombre considérable qui font l'ornement des cabinets des amateurs.

Les espèces les plus remarquables sont le *cotinga pompadour,* l'*ouette,* le *cordon bleu* et le *cotinga à gorge aurore.*

LE JASEUR

L'oiseau ainsi nommé a la tête ornée d'un toupet de plumes un peu plus allongées que les autres ; presque tous ont un autre singulier caractère aux pennes secondaires des ailes, dont le bout de la tige s'élargit en un disque ovale, lisse et rouge. Nous en trouvons un en Europe, appelé, on ne sait pour quelle raison, le *jaseur de Bohême*. Il est un peu plus gros qu'un moineau, porte un plumage d'un gris vineux, la gorge noire, la queue noire bordée de jaune à son extrémité, l'aile noire variée de blanc. Cet oiseau arrive dans nos contrées à des intervalles très longs et sans régularité, ce qui dans la campagne l'a fait regarder longtemps comme de mauvais augure. Il est doux, social, facile à prendre et à élever ; et, comme les caractères faciles et aisés sont presque toujours mal appréciés, et même quelquefois calomniés, on a dit qu'il est stupide. La nourriture du jaseur est peu bornée, car il se nourrit généralement de tout.

LES TANGARAS

Ces oiseaux se font distinguer par un bec conique, triangulaire à sa base, légèrement arqué à son arête, et échancré vers le bout ; la courbure de l'extrémité est presque nulle. Cette conformation nous indique quelles doivent être les mœurs de ces oiseaux ; en effet, ils ne chassent jamais aux petits oiseaux, pas même aux insectes ; les baies et les fruits forment le fond de leur nourriture.

Les tangaras vivent dans l'Amérique méridionale ; et, quoique présentant le plumage brillant des cotingas, ils offrent des mœurs moins sauvages et moins farouches. Loin de vivre au fond des forêts et de rester constamment muets, ils se rapprochent des habitations et font entendre continuellement un petit cri assez semblable à celui de nos moineaux domestiques. Ils ont des habitudes sociales et vivent ordinairement par familles assez nombreuses, voltigeant ensemble dans toute la campagne à la recherche des baies et des fruits. On peut les regarder comme les moineaux de l'Amérique; car ils en ont la taille, la gaieté, la pétulance, et presque toutes les habitudes. Les espèces les plus remarquables sont le *tangara septicolor*, dont le corps est noir, la tête verte, le bas du dos d'une couleur de feu très éclatante, le croupion jaune orangé, le ventre vert de béryl, et la poitrine violette; le *tangara diable enrhumé*, le *tangara passe-vert*, le *tangara vert-jaunet*, le *tangara diadème*.

LES MERLES

Les merles ont le bec comprimé et arqué; mais sa pointe ne fait point le crochet, et ses échancrures ne produisent point de dentelures aussi fortes que dans les pies-grièches; cependant, comme nous l'avons dit, il y a des passages non interrompus de l'un à l'autre genre.

Le merle adulte est encore plus noir que le corbeau; il est d'un noir plus décidé, plus pur, moins altéré par des reflets. Excepté le bec, le tour des yeux, le talon et la plante des pieds, qu'il a plus ou moins jaunes, il est noir partout et dans tous les aspects; aussi les Anglais l'appellent-ils l'oiseau noir par excellence. Les merles ont un cri particulier et connu de tout le monde, et se laissent apprivoiser facilement; au reste, ils passent communément pour être très fins, parce qu'ayant la vue perçante, ils découvrent les chasseurs de fort loin et se laissent approcher difficilement; mais en les étudiant de plus près on reconnaît qu'ils sont plus inquiets que rusés, plus peureux que défiants, puisqu'ils se laissent prendre aux gluaux, aux lacets et à toutes sortes de pièges, pourvu que la main qui les a tendus sache se rendre invisible.

Lorsqu'ils sont renfermés avec d'autres oiseaux plus faibles, leur inquiétude naturelle se change en pétulance; ils poursuivent, ils tourmentent continuellement leurs compagnons d'esclavage, et, par cette raison, on ne doit point les admettre dans les volières où l'on veut rassembler et conserver plusieurs espèces de petits oiseaux.

On peut, si l'on veut, en élever à part, à cause de leur chant, non pas de leur chant naturel, qui n'est guère supportable qu'en pleine campagne, mais à cause de la facilité qu'ils ont de le perfectionner, de retenir les airs qu'on leur apprend, d'imiter différents bruits, différents sons d'instruments, et même de contrefaire la voix humaine.

On trouve des variétés de merles bien remarquables [1].

Quoique le merle soit l'oiseau noir par excellence, cependant on ne peut nier que son plumage ne prenne quelquefois du blanc, et que même il ne change quelquefois en entier du noir au blanc, comme il arrive dans l'espèce du corbeau, dans celle des corneilles et de presque tous les autres oiseaux, tantôt par l'influence du climat, tantôt par d'autres causes particulières et moins connues. En effet, la couleur blanche semble être dans la plupart des animaux, comme dans les fleurs d'un grand nombre de plantes, la couleur dans laquelle dégénèrent toutes les autres, y compris le noir, même brusquement et sans passer par des nuances inter-

---

[1] Buffon, *Oiseaux*, tome VI.

médiaires. Rien cependant de si opposé en apparence que le noir et le blanc : celui-là résulte de la privation ou de l'absorption complète des rayons de lumière, et le blanc, au contraire, de leur réunion la plus complète ; mais en physique on trouve à chaque pas que les extrêmes se rapprochent, et que les choses qui, dans l'ordre de nos idées, et même de nos sensations, paraissent le plus contraires, ont, dans l'ordre de la nature, des analogies secrètes qui se déclarent souvent par des effets inattendus.

Les espèces que l'on rencontre et Europe sont, après le *merle commun*, dont nous avons donné la description d'après Buffon, le *merle à plastron blanc*, le *merle de roche*, le *merle bleu* et le *merle solitaire*.

LES GRIVES

Les grives diffèrent peu des merles ; leur plumage est grivelé, c'est-à-dire marqué de petites taches noires ou brunes. Cet oiseau voyage en grandes troupes ; il arrive dans nos climats vers la fin de septembre et ne prolonge son séjour que peu après les vendanges ; mais il repasse en avril pour disparaître entièrement en mai. Quelques individus restent cependant chez nous, et nichent sur les pommiers ou dans les buissons. Le chant de la grive est très agréable ; elle le fait souvent entendre perchée sur le sommet d'un arbre élevé ; c'est pour cela que les naturalistes l'ont appelée *turdus musicus*. Pendant l'automne, on recherche ces oiseaux pour leur chair, qu'on dit être excellente. Nous possédons dans nos contrées trois espèces de grives : la *grive proprement dite*, la *litorne* et la *drenne*, qui ne diffèrent entre elles que par les nuances du plumage.

LE MOQUEUR

Cet oiseau, suivant le rapport des voyageurs, est le chantre le plus harmonieux entre tous les volatiles de l'univers, sans même en excepter le rossignol. Il charme, comme lui, par les accents flatteurs du ramage, et de plus il amuse par le talent inné qu'il a de contrefaire le chant des autres oiseaux ; et c'est de là sans doute que lui est venu le nom de *moqueur*. Cependant, bien loin de rendre ridicule ces chants étrangers qu'il repète, il paraît ne les imiter que pour les embellir ; on croirait qu'en s'appropriant ainsi tous les sons qui frappent ses oreilles, il ne cherche qu'à enrichir et perfectionner son propre chant et qu'à exercer de toutes les manières possibles son infatigable gosier. Exécute-t-il avec sa voix des roulements vifs et légers, son vol décrit en même temps dans l'air une multitude de cercles qui se croisent ; on le voit suivre en serpentant les tours ou retours d'une ligne tortueuse sur laquelle il monte, descend et remonte sans cesse. Son gosier forme-t-il une cadence brillante et bien battue, il s'accompagne d'un battement d'ailes également vif et précipité.

Le rossignol d'Amérique est aussi mal partagé que celui d'Europe par rapport à la beauté ; son plumage est terne, sans éclat et sans nuances variées.

LES CINGLES

Les cingles diffèrent très peu des merles. Quelques légères modifications dans la forme du bec ont servi pour le caractériser zoologiquement. Ces oiseaux sont connus vulgairement sous le nom de *merles d'eau*. C'est sur les bords des ruisseaux, et en général des eaux claires et vives, qu'on rencontre le *cingle plongeur,* qui fait sa nourriture des larves d'insectes qui se développent dans les lieux humides. L'espèce que nous possédons en Europe a la singulière habitude de les chercher auprès des ruisseaux, et de continuer à en suivre la pente sans nager, même lorsque la profondeur de l'eau le force à se submerger : il marche ainsi sous le liquide en conservant les mêmes allures que s'il était en l'air, et s'y promène librement et en tous les sens.

LES LORIOTS

Le loriot d'Europe est un peu plus grand que le merle : le mâle est d'un beau jaune, et a les ailes, la queue et une tache entre l'œil et le bec noirs ; mais pendant les premières années de sa vie il offre, comme toujours la femelle, une teinte olivâtre foncée. C'est un oiseau très peu sédentaire, qui change continuellement de contrées et semble ne s'arrêter dans les nôtres que durant les beaux jours. Il construit son nid avec une merveilleuse industrie, et défend ses petits avec une intrépité et un courage qu'on aurait peine à attendre d'un oiseau si petit. Dès que les petits sont élevés, la famille se met en marche pour voyager; c'est ordinairement vers la fin d'août ou le commencement de septembre.

Au printemps, les loriots font la guerre aux insectes, et vivent de coléoptères, de chenilles, de vermisseaux, en un mot, de tout ce qu'ils peuvent saisir; mais leur nourriture de choix, celle dont ils se montrent le plus avides, ce sont les cerises, les figues, les baies de sorbier, les pois, etc. Il ne faut que deux de ces oiseaux pour dévaster en un jour un cerisier bien garni, parce qu'ils ne font que becqueter les cerises les unes après les autres, et n'entament que la partie la plus mûre. Les Allemands leur ont donné le nom de *merles d'or* ou *merles dorés*.

LES BECS-FINS

Le genre *bec-fin* se compose d'une multitude innombrable de petits oiseaux fort communs dans nos pays et dans toute l'Europe, et dont le caractère distinctif se tire de la forme de leur bec, qui est droit, grêle, en forme de poinçon, avec une échancrure si peu profonde, qu'il faut quelquefois avoir recours à un instrument amplifiant pour l'apercevoir.

Ces timides habitants des bois [1] nous plaisent non seulement par l'élégance de leurs formes et par la vivacité de leurs mouvements, mais surtout par leur chant sonore et mélodieux. Cachés parmi la verdure qui les dérobe à nos regards, ce n'est que par les concerts variés dont ils charment nos oreilles

[1] Soulacroix, *Nouv. Élém. d'hist. nat.*

qu'ils nous annoncent leur présence; leur voix re-
tentissante anime les solitudes les plus sombres et
les bois les plus sauvages. Les espèces qui fréquentent le bord des ruisseaux sont seules plus silencieuses, et si elles font quelquefois entendre des
sons, leur voix est sans cadence et sans harmonie.

Tous les becs-fins vivent exclusivement d'insectes; c'est pour cela que chaque année le printemps nous les amène et que l'automne nous les
ravit. Mais le temps qu'ils passent avec nous est le
plus beau de leur vie; c'est alors qu'ils sont le plus
gais et le plus agiles, et leur plumage, habituelle-
ment sombre et peu varié, prend pendant les beaux
jours des teintes moins tristes et moins monotones.
La seule chose qu'on pourrait désirer chez eux,
c'est une parure plus brillante; car leurs couleurs
sont généralement ternes et ne prennent jamais de
nuances éclatantes ni variées. Mais la nature a
compensé ce désavantage, si c'en est un, en fondant
les teintes de leur plumage avec une harmonie qui
flatte presque autant les yeux que la variété ou
l'éclat des couleurs.

Ce genre, qu'on pourrait considérer comme une
grande famille, renferme un grand nombre de sous-
genres auxquels les ornithologistes les plus distingués ont peine à assigner des caractères bien déterminés.

LES TRAQUETS

Nous possédons en Europe plusieurs espèces de
ces oiseaux, vivant ordinairement dans les lieux
découverts et pierreux, où ils se nourrissent d'in-

sectes qu'ils attrapent en courant. Ces oiseaux
doivent leur nom à un petit cri qu'ils font entendre
continuellement et qu'on a comparé au tic-tac d'un
moulin. Le *traquet commun* voltige sans cesse autour
des buissons et des haies, et se construit un nid
assez artistement fait. Il commence son travail extérieurement en assemblant des herbes sèches peu
serrées, et il garnit l'extérieur de laine ou de quelque
autre tissu chaud et moelleux. Lorsque la belle saison
approche de sa fin, et que les insectes deviennent
plus rares, alors il nous abandonne et se retire dans
des contrées plus méridionales, où les influences
d'un climat trop rigoureux ne le privent pas de sa
nourriture ordinaire. Quand il voyage, on lui fait
une chasse active, parce que sa chair est grasse et
fort estimée. Nous avons encore dans notre pays le
tarier et le *motteur* ou *cul-blanc*. Le premier est
d'une taille un peu plus considérable que le *traquet
commun*, et le second doit son nom à l'habitude qu'il
a de se poser sur les mottes les plus élevées des
champs nouvellement labourés, ou aux plumes
blanches qui forment la partie supérieure de sa
queue; il se plaît dans les sillons nouvellement
tracés, où il cherche des vers, et il se fait remarquer par les mouvements brusques de sa queue.

LES RUBIETTES

Ces oiseaux forment un genre fort intéressant par
leurs habitudes. Ils vivent solitaires, mais déploient
sans cesse une très grande activité. Ils font leurs
nids dans des trous et recherchent les insectes pour
en faire leur nourriture; ils y ajoutent des baies

pendant l'automne et la mauvaise saison. Nous en avons ici quatre espèces : le *rouge-gorge,* gris-brun dessus, gorge et poitrine rousses, ventre blanc. Il est curieux et familier. Il en reste quelques-uns durant l'hiver, qui pendant les grands froids se réfugient dans les habitations et s'y apprivoisent très vite. Le *gorge-bleu* se distingue du précédent, auquel il ressemble beaucoup, par la couleur bleue des plumes qui recouvrent la gorge. On le rencontre plus rarement, et il fait son nid dans les bois ou sur le bord des marais. Le *gorge-noir* ou *rossignol de muraille* a plusieurs traits de ressemblance avec les deux que nous venons d'examiner; la principale différence qui le caractérise lui a valu son nom. Il niche dans les trous des vieilles murailles, et fait entendre assez souvent un chant doux qui rappelle les modulations vives et brillantes du rossignol. Enfin le *rouge-queue,* qui se distingue du précédent parce que sa poitrine est noire comme sa gorge : c'est la plus rare des quatre espèces.

LES FAUVETTES

Les fauvettes forment un petit groupe dont les caractères zoologiques sont peu déterminés, mais dont les mœurs et les coutumes sont d'un très grand intérêt. Les principales espèces sont le *rossignol* et les *fauvettes* proprement dites.

LE ROSSIGNOL

De tous les oiseaux que la nature a doués d'un chant mélodieux, aucun n'a, comme le rossignol, cette douceur, cette agréable variété dans les sons, ces cadences brillantes et soutenues, cette flexibilité prodigieuse dans le gosier, qui lui fait souvent, pendant des heures entières, former toutes sortes de belles modulations, les étendre, les graduer, les varier selon toutes les combinaisons possibles. Il suffit de l'entendre pour désirer de le connaître : lorsqu'on le voit, on est surpris que dans un corps si mince et si délicat il y ait des organes si forts et si brillants. Il se plaît surtout à chanter pendant le silence de la nuit, perché aux environs de quelque ruisseau, où l'écho répond à ses accents. On dirait que, fier de son mérite, il ambitionne les applaudissements de la nature, alors plus attentive à l'écouter.

Ce chantre des forêts nous annonce par ses premiers accents le retour du printemps ; il continue son ramage sans interruption jusqu'à ce que ses petits soient éclos ; alors les soins de l'éducation le lui font suspendre.

Les bois et les vallons solitaires sont les lieux favoris du rossignol ; il est ennemi des ardeurs du soleil et des rigueurs de l'hiver. Il vient vers le mois d'avril, des parties orientales de notre hémisphère, et s'en retourne en automne. Lorsqu'il n'est point apprivoisé, il est farouche et craintif. La jalousie est un des traits distinctifs du caractère du rossignol : on n'en voit jamais deux chanter ou faire leur nid fort près l'un de l'autre. Il fuit la société de ses semblables ; on croirait qu'il veut jouir de sa gloire sans rivaux, et qu'un seul suffit pour embellir les lieux qu'il habite.

La femelle du rossignol est muette ; elle fait son nid près de terre, au pied d'une haie, d'une charmille ou dans les broussailles, avec des feuilles de

chêne sèches artistement rangées, mais sans liaison
entre elles ; le moindre mouvement fait écrouler le
berceau de la petite famille.

Le rossignol peut nous donner le type du vrai
talent, qui est toujours modeste.

LA FAUVETTE

Ces oiseaux, les plus nombreux comme les plus
aimables, sont d'un naturel gai, vif, agile et léger ;
leurs mouvements ont l'air du sentiment, leurs
accents le ton de la joie, et leurs yeux l'intérêt de
l'affection. Ils arrivent au moment où les arbres
développent leurs feuilles et laissent épanouir leurs
premières fleurs ; les uns viennent habiter nos jardins, d'autres des champs semés de légumes ; d'autres préfèrent les avenues et les bosquets ; plusieurs
espèces s'enfoncent dans les grands bois, et quelques-unes se cachent dans les roseaux. Ainsi les
fauvettes remplissent tous les lieux de la terre, et
les animent par les mouvements et les accents de
leur tendre gaieté. Les mouches, moucherons, insectes, vermisseaux, graines de lierre, de ronces,
leur servent de nourriture. C'est un de leurs plaisirs de courir le matin sur les feuilles mouillées par
la rosée et les petites pluies d'été, et de se baigner
avec les gouttes d'eau qu'elles secouent du feuil-
lage. Leur nid, placé près de terre, est soigneusement caché ; la femelle y pond ordinairement cinq
œufs, qu'elle abandonne lorsqu'on les a touchés.
Presque toutes les fauvettes partent en même temps
au milieu de l'automne, à peine en voit-on encore
quelques-unes en octobre. Plusieurs semaines après

que le rossignol s'est tu, on entend les bois résonner partout du chant de ces fauvettes. Leur voix est pure et légère; leur chant s'exprime par une suite de modulations peu étendues, agréables, flexibles et nuancées. Ce chant semble tenir de la fraîcheur des lieux où il se fait entendre; il en peint la tranquillité, il en exprime le bonheur. La *fauvette babillarde*, ainsi nommée à cause de son chant perpétuel, est la plus remuante et la plus leste. Nous connaissons un très grand nombre d'espèces différentes du genre fauvette; nous nommerons seulement celles que nous trouvons en France : la *petite rousserole* ou *effervate*, la *fauvette des roseaux*, la *fauvette à tête noire*, la *fauvette rayée*, la *fauvette roussâtre*, la *petite fauvette passerinette* ou *bretonne*, enfin le *traîne-buisson* ou *fauvette d'hiver*, qui arrive dans nos contrées quand toutes les autres nous abandonnent.

LE ROITELET

L'heureux caractère que celui du roitelet! Ce petit oiseau est toujours alerte, gai, vif et plein de feu; jamais la mélancolie ne le gagne; chaque saison est pour lui la saison de la joie. Il chante soir et matin, surtout en hiver, mais plus agréablement et avec plus d'éclat au mois de mai. Comme le rossignol, il vit peu avec ses semblables, et n'en est pas moins heureux; on dirait qu'il porte tout son bonheur en lui-même. Il est très abondant dans les bois de sapins qui avoisinent les Vosges; on le voit voltiger en troupes nombreuses et avec une agilité extrême au milieu de ces arbres, et s'y suspendre en tous sens pour y chercher les insectes dont il se nourrit.

Son nid, formé de mousse et de toiles d'araignée, est construit avec un art admirable, et a la forme d'une boule avec une ouverture sur le côté ; la femelle y pond six ou sept œufs de la grosseur d'un pois. Ces petits oiseaux sont très familiers, et pendant l'hiver se rapprochent de nos habitations. On donne le nom de *pouillot* à une espèce de roitelet un peu plus grande que la précédente, et dont les mœurs sont analogues, mais qui nous quitte pendant l'hiver.

LES HOCHEQUEUES OU LAVANDIÈRES

Ces oiseaux doivent leur premier nom à la manière dont ils agitent continuellement leur longue queue ; leur bec est fort grêle, mais du reste dans les conditions organiques que nous avons déjà vues chez les précédents. On rencontre souvent ces jolis oiseaux sur le bord des eaux, où ils cherchent leur nourriture. L'espèce qui vient ordinairement dans les beaux jours se fixer dans nos contrées a des formes élégantes et des mouvements légers et gracieux ; elle se construit un nid composé de mousse et d'herbes desséchées, dans quelque trou voisin des eaux. Ces oiseaux montrent le plus grand attachement pour leur postérité naissante ; leur courage s'exalte au moindre danger, et leur fait affronter les plus grands périls.

LES BERGERONNETTES

Ces charmants petits oiseaux sont très familiers et vivent au milieu des pâturages, où ils poursuivent

les insectes. Tout en eux semble la peinture des
mœurs douces et simples de la vie des champs. Leurs
allures sont gaies, vives et pleines de cette gentil-
lesse qu'on aime toujours et partout. Leur caractère
semble le type de la naïve bergère qui fait paître
son troupeau en fredonnant insoucieusement sa
rustique chansonnette. La plus commune des ber-
geronnettes est celle qu'on a nommée *bergeronnette
du printemps,* parce que c'est elle qui nous arrive
aux premiers jours de la belle saison. Elle arrive,
comme une heureuse et impatiente messagère, annoncer au cultivateur que ses troupeaux peuvent
commencer à quitter l'étable et à chercher leur
pâture dans les prairies. Une autre espèce est celle
appelée *pipi,* plus petite et moins remarquable que
la première; enfin une troisième espèce, qui dans
quelques auteurs forme un genre séparé, est la
farlouse ou *alouette des prés.*

LES MANAKINS

Les manakins se rapprochent un peu de la famille
des syndactyles, parce que leurs deux doigts extérieurs sont réunis par une petite membrane dans le
tiers inférieur de leur étendue. Ces oiseaux sont propres aux régions chaudes de l'Amérique et de l'Inde.
La nature, en versant ses dons sur les êtres qu'elle
anime, n'accorde jamais indistinctement toutes les
qualités et tous les talents. A ceux qui ont reçu en
partage les qualités aimables du chant et des gentillesses elle a ordinairement refusé la beauté ; mais
souvent à la beauté s'unissent des défauts qui la ter-
nissent et la font presque mépriser. Les manakins

ont reçu une parure brillante, leurs plumes sont peintes des couleurs les plus vives et les mieux nuancées, les tons les plus harmonieux se fondent et se mélangent sur leur poitrine et sur leurs ailes; mais aussi ces oiseaux sont tristes, mélancoliques, solitaires et sauvages. Cachés dans les forêts les plus profondes, ils semblent fuir l'aspect de tous les êtres animés. Dès qu'ils se voient découverts, ils partent à tire-d'aile et ne s'arrêtent que lorsqu'ils se voient hors de la portée des regards. Ces oiseaux se réunissent en troupes assez nombreuses dans les forêts humides, où ils vivent principalement d'insectes.

IIᵉ FAMILLE DES PASSEREAUX

LES FISSIROSTRES

Les oiseaux qui composent cette petite famille se distinguent très bien de tous les autres par leur bec court, large et aplati horizontalement, légèrement crochu, sans échancrure, et fendu très profondément; ainsi leur bouche est très large et peut engloutir facilement les insectes, qu'ils poursuivent au vol.

Leur régime absolument insectivore en fait des oiseaux éminemment voyageurs qui nous quittent en hiver.

Ces oiseaux se divisent, comme les rapaces, en fissirostres diurnes et fissirostres nocturnes. Les premiers renferment les *hirondelles* et les *martinets*, et les seconds, les *engoulevents*.

LES HIRONDEDLES

Les hirondelles arrivent dans nos contrées dans les premiers beaux jours du printemps et à des époques presque invariablement les mêmes. Les variations météorologiques semblent peu influer sur l'époque de leur arrivée ; car quelquefois elles paraissent quand la saison est encore beaucoup plus rigoureuse que lorsqu'elles nous ont quittés. On a vu des hirondelles voler à travers les flocons d'une neige assez épaisse, tandis que la chaleur prématurée du mois de février et de mars n'a pu faire avancer leur apparition. Au reste, cette considération, jointe à beaucoup d'autres, nous fait conclure que les causes des migrations générales périodiques des animaux ne sont pas toutes clairement connues. Nous n'apprécions que les faits les plus sensibles ; mais nous ne pouvons, malgré la curiosité naturelle à l'esprit humain, pénétrer les secrets de beaucoup de lois organiques, physiologiques et ethnologiques, dont nous apercevons sans cesse les résultats apparents.

Chacun connaît [1] le vol léger, élégant et soutenu de ces oiseaux, et a pu remarquer combien ils aiment à planer au-dessus de l'eau et à sillonner l'air dans toutes les directions, en y poursuivant les insectes dont ils se nourrissent, et dont ils détruisent un nombre immense. Les hirondelles nous délivrent, en effet, des nuées de cousins, de charançons ou d'autres insectes destructeurs ou incommodes, et les services qu'elles nous rendent ainsi devraient leur assurer notre reconnaissance et notre pro-

[1] Milne-Edwards, *Élém. de zoolog. descript.*

tection. Elles nous arrivent d'abord par bandes peu nombreuses ; mais bientôt les masses dont celles-ci étaient les devancières se répandent dans les villes et dans les campagnes : l'*hirondelle de cheminée* et *de fenêtre* se rapproche de nos habitations ; l'*hirondelle de rivage* ne hante que le bord des rivières, où le voisinage de l'homme ne la trouble pas. Presque aussitôt après leur arrivée, on les voit s'occuper activement de la construction d'un nid ou de la réparation de l'un de ceux abandonnés l'année précédente. Ce nid est une véritable bâtisse, artistement façonnée ; il est construit avec des débris de matières végétales ou animales et une espèce de ciment formé de terre gâchée que l'oiseau étend avec son bec, comme avec une truelle ; à l'intérieur il est garni de duvet, et l'ouverture servant d'entrée est pratiquée à sa partie supérieure. L'endroit où ces oiseaux le placent varie suivant les espèces ; mais est toujours choisi de manière à le mettre autant que possible à l'abri des attaques de leurs ennemis. L'hirondelle de cheminée établit en général son domicile dans la partie la plus élevée des tuyaux de cheminée, et doit à cette particularité le nom qui la distingue ; l'hirondelle de fenêtre attache son nid sous les encoignures des fenêtres ; enfin l'hirondelle de rivage niche dans des trous qu'elle creuse avec son bec dans la berge des rivières, ou s'établit dans les fentes de rochers.

Tous ces petits oiseaux se font remarquer par des mœurs douces et par un instinct remarquable qui les porte à la sociabilité. Quand leurs petits sont éclos, leur tendresse est excessive et leur courage énergique pour les défendre en cas d'attaque. On a remarqué quelquefois que les hirondelles du voisinage venaient au secours de celles qui se trouvaient en danger ; elles harcèlent toutes ensemble l'ennemi commun jusqu'à ce qu'il soit mis en fuite ou qu'il cède à leurs cris importuns. On a cru remarquer encore qu'elles s'aidaient mutuellement dans la construction de leur nid, et on assure que si un moineau s'empare de la demeure de quelque famille, toutes les autres hirondelles se rassemblent alentour pour tâcher de l'en expulser, ou pour l'y renfermer en bouchant avec de la terre la seule ouverture qui puisse servir d'issue.

Nous ne dirons rien ici des migrations des hirondelles; car c'est à elles que peuvent s'appliquer plus spécialement les considérations que nous avons émises sur les migrations en général. Nous ajouterons seulement qu'on s'est assuré d'un fait curieux, c'est que les hirondelles savent au printemps suivant retrouver les lieux qu'elles avaient quittés. On s'est convaincu de ce fait en attachant à la patte de plusieurs hirondelles de petits cordons de soie qui indiquaient d'une manière certaine l'identité des individus. L'abbé Spallanzani a vu pendant dix-huit années consécutives les mêmes couples revenir à leurs anciens nids, sans presque s'occuper de les réparer.

On doit remarquer, parmi les hirondelles étrangères, spécialement la *salangane*, petite espèce qu'on trouve dans l'Inde sur les bords de la rivière ou de la mer, très célèbre par la substance dont elle compose son nid, qui est une matière gélatineuse très estimée sur la table des Chinois : il s'en fait dans ces pays un commerce considérable.

LES MARTINETS

On confond assez généralement les martinets avec les hirondelles; cependant il est assez facile de les distinguer, parce que les premiers ont des ailes d'une longueur beaucoup plus considérable que les secondes. On les appelle vulgairement *cricri* dans quelques provinces, à cause du cri qu'ils font sans cesse retentir. Lorsqu'ils sont à terre, ces oiseaux éprouvent la plus grande difficulté à prendre leur élan, parce que leurs pattes sont excessivement courtes. Aussi la vie de ces oiseaux est-elle presque uniquement aérienne; ils voltigent sans cesse avec une grande facilité à la poursuite des petits insectes qui font leur nourriture. Ils se posent quelquefois sur la cime des arbres ou sur le sommet des grands édifices, d'où ils se laissent tomber pour prendre leur vol. Nous possédons en France deux espèces de ce genre, le *martinet commun*, et le *grand martinet* ou *martinet à ventre blanc*, qui fréquente surtout les hautes montagnes, comme les Alpes, et niche dans les fentes des rochers.

LES ENGOULEVENTS

On peut dire que les engoulevents sont dans le même rapport avec les hirondelles que les chouettes avec les rapaces nobles de la tribu des faucons, des éperviers. Leur plumage, comme celui des rapaces nocturnes, est léger, duveté et nuancé de diverses teintes ou taches de gris et de brun. Les engoulevents ont le bec largement fendu et garni d'assez longs poils sur les parties latérales. Ils volent surtout au crépuscule à la poursuite des phalènes [1] et autres insectes crépusculaires ou nocturnes, qu'ils

---

[1] Les entomologistes donnent le nom général de *phalène* aux lépidoptères nocturnes.

engloutissent facilement dans leur large bec. Ils doivent leur nom à la singulière habitude qu'ils ont de poursuivre leur proie le bec toujours ouvert ; l'air qui s'y engouffre produit un léger bourdonnement, d'où vient le nom d'*engoulevent* qu'on leur a donné. Un préjugé vulgaire leur a conservé dans certaines provinces la dénomination ridicule de *tette-chèvre*, parce que, les voyant souvent mêlés aux troupeaux qui attirent les insectes à leur suite, on a cru qu'ils suçaient le lait de ces ruminants. Un autre nom qu'on donne assez souvent à ces oiseaux est celui de *crapaud-volant ;* cette dénomination a sans doute pour origine la laideur extérieure des formes, et peut-être le bruit de l'air qui s'engouffre dans leur bec. Ces oiseaux, ayant la pupille très dilatée, ne peuvent supporter la lumière du jour sans être éblouis : ils se cachent pendant que le soleil éclaire vivement la terre, et commencent leur vol quand cet astre descend à l'horizon. Ils émigrent pendant l'hiver, mais sans entreprendre de longs voyages, comme les hirondelles ; ils se contentent d'aller du midi au nord et du nord au midi. L'Europe n'a qu'une seule espèce de ce genre ; c'est l'*engoulevent commun*, de la taille d'une grive, d'un brun foncé, marqué de taches plus foncées. Les pays étrangers en nourrissent quelques autres espèces remarquables par des ornements extraordinaires à la queue, aux ailes et au bec. Nous nous bornerons à citer l'*engoulevent à queue en ciseaux*, remarquable par un demi-collier d'un roux vif, et par deux rectrices extérieures qui dépassent énormément les autres ; l'*engoulevent distingué* et l'*engoulevent moustac*, etc.

IIIᵉ FAMILLE DES PASSEREAUX

LES CONIROSTRES

Cette famille est presque aussi étendue que celle des dentirostres, et renferme une foule de passereaux reconnaissables à leur bec fort, plus ou moins conique et sans échancrure à l'extrémité. Cette modification dans l'organe de la mastication ou plutôt de la préhension nous indique d'avance des changements dans le régime nutritif : ce ne sont plus les insectes qui composent le fond de la nourriture de ces oiseaux; ce sont les fruits secs, les graines et même quelquefois les chairs en putréfaction, qu'ils aiment de préférence. Nous remarquons dans les conirostres des nuances presque insensibles qui forment le passage non interrompu d'un genre à un autre genre.

LE CORBEAU

Le corbeau est le plus grand des passereaux d'Europe. Son plumage est d'un beau noir relevé de reflets violacés d'un moelleux agréable à l'œil; ses tarses vigoureux supportent des doigts armés d'ongles forts et crochus. Aussi le corbeau a un goût prononcé pour la chair; et quelquefois il l'assouvit sur des charognes, quelquefois il poursuit les animaux faibles. On l'a vu attaquer de petits quadrupèdes, comme des lapins et des lièvres. C'est surtout dans les contrées septentrionales qu'on rencontre les corbeaux réunis en troupes nombreuses, et se promenant dans d'immenses plaines humides où peuvent se développer de grosses larves d'insectes. Quand la saison devient trop rude, ils abandonnent

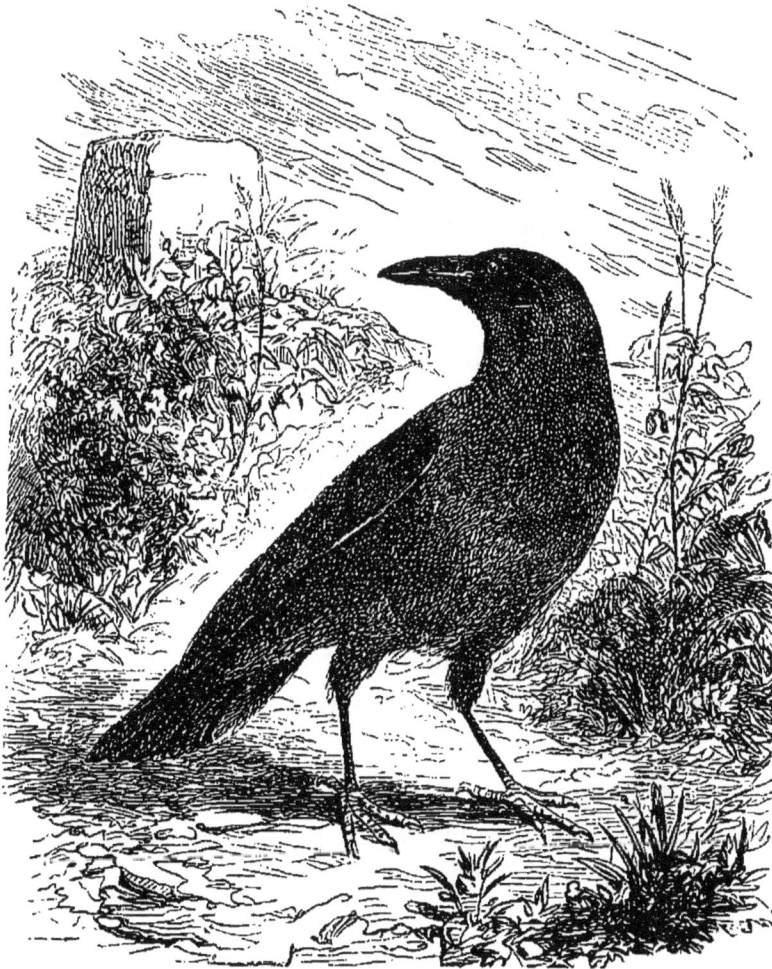

Le corbeau.

leur patrie pour aller chercher dans des régions plus méridionales une température moins rigoureuse et les aliments qui leur conviennent. La défiance et la ruse semblent faire le fond du caractère de ces oiseaux ; jamais ils ne se perchent sans se

5

placer contre le vent et sans avancer quelques sentinelles pour avertir de l'approche du danger. Leur odorat est très développé et peut percevoir les plus légères émanations répandues dans l'atmosphère : c'est pour cela qu'il est si difficile à l'homme de pouvoir s'en approcher et de les surprendre.

Malgré leur naturel défiant, ces oiseaux en captivité s'apprivoisent facilement et apprennent même à prononcer quelques paroles. Mais en domesticité ils sont extrêmement sales, répandent une mauvaise odeur et perdent l'éclat de leur plumage. A ces mauvaises qualités ils joignent des défauts beaucoup plus désagréables : c'est ainsi qu'ils ont la manie de voler et de cacher ensuite leurs larcins ; ils paraissent rechercher les objets qui ont de l'éclat, comme l'argenterie, les pièces de monnaie, etc.

A l'état libre, le corbeau place son nid dans les rochers, dans les fentes de hautes murailles, et dans les tours ou clochers élevés. C'est de là qu'on l'entend le plus souvent faire retentir sa voix rauque et criarde qu'on appelle *croassement*.

Dans le temps que les aruspices étaient en grand crédit chez les Romains, les corbeaux, quoique mauvais prophètes, étaient des oiseaux fort intéressants ; car la passion de prévoir les événements futurs, même les plus tristes, est une ancienne maladie du genre humain.

On a répandu dans l'antiquité beaucoup de fables sur la longévité extraordinaire du corbeau. Il faut diminuer certainement de beaucoup ces calculs exagérés ; mais nous devons convenir néanmoins que le corbeau peut vivre ordinairement un siècle.

On connaît plusieurs espèces qui se rattachent au genre corbeau. Nous en ferons seulement l'énumération : le *corbeau ordinaire*, la *corneille*, la *cor-*

neille mantelée, le *freux*, et le *choucas* ou *corbeau des clochers.*

LA PIE

La pie qui habite l'Europe est très commune, se reconnaît à son plumage, d'un beau noir chatoyant,

La pie.

avec des taches d'un blanc pur à l'aile. Elle s'accoutume aisément à la vue de l'homme et s'apprivoise facilement. On peut lui apprendre à prononcer quelques paroles et même de petites phrases ; elle a bonne mémoire ; et quand elle est en belle humeur ou qu'on l'agace, elle répète sans cesse avec une fatigante monotonie les mêmes paroles ; aussi l'a-t-on appelée *oiseau babillard*, et de là l'origine du proverbe *jaser comme une pie*.

La pie, parmi ses mauvaises habitudes, a une inclination prononcée pour le vol : elle dérobe tout ce qui se trouve à sa portée, bijoux, argent, etc., et va déposer son larcin dans quelque fente de muraille ou dans quelque trou isolé. Les personnes qui élèvent cet oiseau devront toujours s'en défier.

La pie emploie beaucoup de soins dans la construction de son nid : elle le maçonne solidement et l'environne de branches d'aubépine armées d'aiguillons acérés et redoutables. Mais tant de précautions ne suffisent point à sa tendresse, ou, si l'on veut, à sa défiance : elle veille sans cesse à la garde de ses petits ; et quand approche quelque oiseau de rapine, elle déploie un grand courage. On l'a vue poursuivre, harceler les corneilles et les mettre en fuite ; la crainte ne la domine pas ; elle a osé attaquer des faucons et même des aigles ; mais sa témérité n'a pas toujours été heureuse.

LE GEAI

Le geai est encore d'un caractère plus défiant que ceux dont nous venons de voir l'histoire ; aussi est-il très difficile aux chasseurs de pouvoir l'approcher, et l'opinion vulgaire est-elle répandue qu'il sent la poudre de fort loin. Ses mœurs et ses habitudes ont beaucoup de ressemblance avec celles des pies ; sa nourriture consiste principalement en glands et en noisettes. Les geais ont des mœurs sociales et vivent en troupes dans les bois ; ils offrent un plumage assez remarquable : tout le corps est d'un gris vineux, et l'aile présente une large tache bleu vif rayée de bleu foncé.

LES PARADISIERS OU OISEAUX DE PARADIS

Ces oiseaux sont plus célèbres par les qualités fausses et imaginaires qui leur ont été attribuées que par leurs propriétés réelles et vraiment remarquables. Le nom d'*oiseau de paradis* fait naître encore dans la plupart des imaginations l'idée d'un oiseau qui n'a point de pieds, qui vole toujours, même en dormant, ou se suspend tout au plus pour quelques instants aux branches des arbres par le moyen des longs filets de sa queue ; qui ne vit que de vapeur et de rosée ; en un mot, qui n'a d'autre existence que le mouvement, d'autre élément que l'air, qui s'y soutient toujours tant qu'il respire, comme les poissons se soutiennent dans l'eau, et qui ne touche la terre qu'après sa mort.

Ce tissu de fables n'est qu'une suite de conséquences assez bien déduites d'une première erreur, qui suppose que l'oiseau de paradis n'a point de pieds, quoiqu'il en ait d'assez gros ; et cette erreur primitive vient elle-même de ce que les marchands indiens qui font le commerce des plumes de cet oiseau, ou même les chasseurs qui les leur vendent, sont dans l'usage de faire sécher l'oiseau après lui avoir arraché les cuisses et les entrailles.

Au reste, si quelque chose pouvait donner une apparence de probabilité à la fable du vol perpétuel de l'oiseau de paradis, c'est sa grande légèreté, produite par la quantité et l'étendue considérable de ses plumes. Les plumes *subalaires*, de la nature

L'oiseau de paradis.

de celles que les naturalistes nomment décomposées, forment par leur réunion un tout très léger, un volume presque sans masse et comme aérien, très capable de diminuer sa pesanteur spécifique et de l'aider à se soutenir dans l'air.

La tête et la gorge sont couvertes d'une espèce de velours formé de petites plumes droites, courtes, fermes et serrées ; celles de la poitrine et du dos sont plus longues, mais toujours soyeuses et douces au toucher. Toutes ces plumes sont de diverses couleurs, et ces couleurs sont changeantes, c'est-à-dire qu'elles prennent différents reflets suivant les différentes incidences de la lumière.

Ces beaux oiseaux ne sont pas fort répandus. Leur patrie est principalement la Nouvelle-Guinée, où ils vivent dans les forêts les plus profondes et se perchent sur les arbres les plus élevés. L'*oiseau de paradis émeraude* et le *manucodé* sont les deux espèces les plus remarquables.

LES ALOUETTES

Les alouettes ont le bec coniforme, mais faible et plus allongé que tous les oiseaux de la même famille. Ces oiseaux ont encore pour caractère d'avoir l'ongle postérieur d'une longueur démesurée par rapport aux autres. Leur plumage, terne et comme terreux, peut les soustraire à la vue de leurs nombreux ennemis. Elles ont passé constamment pour le symbole de la gaieté, parce que durant la belle saison elles s'élèvent verticalement vers le ciel en faisant entendre sans cesse un chant joyeux et agréablement modulé. Les anciens Gaulois l'avaient prise pour enseigne, et quand César eut conquis la Gaule, il se composa une légion gauloise, à laquelle il donna l'alouette pour étendard, et qu'il désigna par le nom latin de cet oiseau [1].

---

[1] La légion gauloise que César avait sous ses ordres se nommait l'*Alauda*.

On trouve en France trois espèces d'alouettes : l'*alouette des champs*, qu'on mange sous le nom de *mauviette*, l'*alouette huppée* ou *cochevis*, et l'*alouette des bois* ou *cujelie*.

LES MÉSANGES

Il n'est peut-être point de genre plus nombreux que celui des mésanges ; on en compte environ vingt-cinq espèces. Ces oiseaux sont vifs, agiles, courageux ; ils vivent non seulement de chènevis, de noix, d'amandes, de noisettes et autres graines, qu'ils percent à coups de bec, mais encore de vers, d'insectes, d'abeilles, et même de petits oiseaux faibles et malades dont ils percent le crâne pour avoir la cervelle. Leur méchanceté est telle sous ce rapport, qu'ils n'épargnent pas même les individus de leur propre espèce : si l'un d'eux vient à être blessé par accident, aussitôt tous les autres s'élancent sur lui et le tuent à coups de bec. Aussi, quoique vivant en troupes, les mésanges se tiennent toujours à une certaine distance les unes des autres et s'observent mutuellement avec une défiance inquiète. Leur front est orné d'une espèce d'aigrette composée de plumes qui peuvent se hérisser, et qui annoncent à l'extérieur un caractère intrépide et décidé, si ce n'est la férocité.

Les mésanges sont toujours en mouvement ; elles voltigent d'arbre en arbre, sautent de branche en branche, grimpent sur l'écorce, gravissent contre les murailles, et se suspendent de toutes les manières, souvent la tête en bas. C'est dans les trous d'arbre ou à l'extrémité des branches qu'elles placent leur nid ; elles y déposent dix-huit ou vingt œufs, que le père ou la mère défendent avec la plus grande intrépidité.

Six espèces de mésanges sont répandues dans toutes les parties de la France : ce sont la *charbonnière*, la *petite charbonnière*, la *nonnette*, la *mésange à tête bleue*, la *mésange huppée* et la *mésange à longue queue*. On en rencontre quelques autres espèces dans les contrées les plus méridionales de l'Europe ; nous comptons comme plus remarquables et plus rares la *moustache* et le *rémiz*.

LES BRUANTS

Les naturalistes ont caractérisé ce genre d'après la forme du bec, qui est conique, court, droit, dont la mandibule supérieure, plus étroite et rentrant dans l'inférieure, a au palais un tubercule saillant et dur. Ce sont des oiseaux insectivores et granivores, qui se réunissent quelquefois en troupes assez nombreuses et viennent dans nos campagnes causer de grands dégâts. Leur nourriture principale consiste en riz, en avoine et autres céréales. Heureusement pour les agriculteurs qu'ils sont très étourdis ; car ils se laissent facilement prendre à toute espèce de pièges, ce qui permet d'en détruire un grand nombre. Comme d'un autre côté on estime beaucoup leur chair, et qu'elle fait les délices des gourmets, quand ils sont gras, on a le double avantage, en leur faisant la chasse, de détruire un animal nuisible et de se procurer un mets délicat.

Les bruants s'approchent rarement des forêts ; ils préfèrent le voisinage des habitations de l'homme, parce qu'ils peuvent plus facilement se procurer leur nourriture. Quelques espèces cependant aiment les bois, et tous nichent dans les broussailles et les haies.

Les espèces les plus répandues en France sont : le *bruant commun*, le *bruant fou*, le *bruant des haies*, le *bruant des roseaux*, le *proyer* et l'*ortolan*. C'est principalement cette dernière espèce qui est recherchée sur les tables les plus richement servies. Ce petit oiseau de passage est très commun dans les pays chauds, et, lorsqu'il est gras, il ne faut qu'un feu très léger pour le cuire. On leur fait une chasse très active pendant l'automne, et l'on en détruit un grand nombre.

LE MOINEAU

Dans quelque contrée qu'habite cet oiseau, on ne le trouve jamais dans les lieux déserts ni même dans ceux qui sont éloignés du séjour de l'homme; les moineaux sont, comme les rats, attachées à nos habitations; ils ne se plaisent ni dans les bois ni dans les vastes campagnes. On a même remarqué qu'il y en a plus dans les villes que dans les villages, et qu'on n'en voit point dans les hameaux et dans les fermes qui sont au milieu des forêts. Ils suivent la société pour vivre à ses dépens; comme ils sont paresseux et gourmands, c'est sur des provisions toutes faites, c'est-à-dire sur le bien d'autrui, qu'ils prennent leur subsistance. Nos granges et nos greniers, nos basses-cours, nos colombiers, tous les lieux, en un mot, où nous rassemblons ou distribuons les grains, sont les lieux qu'ils fréquentent de préférence ; et comme ils sont aussi voraces que nombreux, ils ne laissent pas de faire plus de tort que leur espèce ne vaut, car leur plume ne sert à rien, leur chair n'est pas bonne à manger, leur voix blesse l'oreille, leur familiarité incommode, leur pétulance grossière est à charge ; ce sont de ces gens qu'on trouve partout et dont on n'a que faire, si propres à donner de l'humeur, que dans certains endroits on les a frappés de proscription en mettant leur tête à prix.

Ce qui les rendra éternellement incommodes c'est non seulement leur très nombreuse multiplication, mais encore leur défiance, leur finesse, leurs ruses et leur opiniâtreté à ne pas désemparer des lieux qui leur conviennent ; ils sont fins, peu craintifs, difficiles à tromper ; ils reconnaissent aisément les pièges qu'on leur tend, ils impatientent ceux qui veulent se donner la peine de les prendre ; il faut pour cela tendre un filet d'avance et attendre plusieurs heures souvent en vain.

Il faut à peu près vingt livres de blé par an pour nourrir un couple de moineaux : que l'on juge par leur nombre de la déprédation que ces oiseaux font de nos grains ; car, quoiqu'ils nourrissent leurs petits d'insectes, et qu'eux-mêmes en mangent quand ils en rencontrent, néanmoins le fond de leur nourriture est notre meilleur grain. Ils suivent le laboureur dans le temps des semailles, les moissonneurs pendant celui de la récolte, les batteurs dans les granges, la fermière lorsqu'elle jette le grain à ses volailles ; enfin ils sont si malfaisants, si incommodes, qu'il serait à désirer qu'on trouvât quelque moyen de les détruire.

Ce genre comprend plusieurs espèces bien distinctes : telles sont le *moineau domestique* ou *pier-*

rot, le *moineau des bois* ou *friquet,* et le *moineau
cisalpin.*

LE PINSON

Le pinson est très vif, toujours en mouvement,
toujours gai ; il commence à chanter plusieurs jours
avant le rossignol, au printemps ; mais ce chant
est plus agréable dans les bois que dans les appartements. Ces oiseaux voyagent en troupes, et vont
passer l'hiver dans des climats plus doux. Comme
ils volent par troupes, on en prend un grand nombre
au filet, soit au printemps à leur retour, soit en
automne à leur départ. Ceux qui passent l'hiver
avec nous, près de nos habitations, viennent jusque
dans nos basses-cours, et y vivent en parasites, se
cachant dans les haies fourrées, sur des arbres toujours verts, dans des trous de rochers, où on les
trouve quelquefois morts de froid, lorsque la saison
est trop rude. Le pinson est plus souvent posé que
perché, ne marche point en sautillant, coule légèrement sur la terre, et va sans cesse ramassant.
Son vol est inégal. Il se laisse approcher de fort près,
pince jusqu'au sang quand on veut le prendre, sup-
porte difficilement la perte de sa liberté, et souvent
se laisse mourir. Son nid, caché avec soin sur les
arbres et arbustes les plus touffus, jusque dans les
arbres fruitiers, est construit de mousse blanche ou
lichen et de petites racines en dehors, de laine, de
crin, de fils d'araignée et de plumes en dedans. On
a remarqué que ces oiseaux ne chantaient jamais
mieux que quand ils étaient privés de la vue, et
c'est pour cette raison que dans certaines contrées

on a l'habitude barbare de priver de la vue les pinsons qu'on élève en cage.

LE CHARDONNERET

Prononcer le nom du chardonneret, c'est annoncer la beauté du plumage, la douceur de la voix, la finesse de l'instinct, l'adresse singulière, la docilité à l'épreuve : ce charmant petit oiseau réunit tout ; il ne lui manque que d'être rare et de venir d'un pays éloigné pour être estimé ce qu'il vaut.

Rien de plus gracieux que son plumage ; le rouge cramoisi, le noir velouté, le blanc, le jaune doré, sont les principales couleurs que l'on voit briller sur cet oiseau. Lorsqu'il est en repos, chacune de ses ailes présente une suite de points blancs d'autant plus apparents, qu'ils se trouvent sur un fond noir.

Le nid de ces oiseaux est artistement fait ; le tissu en est des plus solides, la forme agréable ; il est composé extérieurement de mousse fine, de joncs, de petites racines, de bourre de chardons, le tout enlacé avec art ; l'intérieur est matelassé d'herbes sèches, de crin, de laine et de duvet.

Ce petit oiseau si joli est doué d'un grand instinct d'éducabilité : on peut lui apprendre à chanter différents petits airs et à exécuter divers mouvements avec précision.

Durant l'automne, ces oiseaux commencent à se rassembler ; c'est la saison où on peut les prendre en plus grand nombre. Pendant l'hiver ils volent toujours par troupes nombreuses, et on peut les rencontrer surtout dans les chemins creux où les chardons croissent en abondance.

LA LINOTTE ET LE SERIN

La linotte est, comme le précédent, un des oiseaux les plus universellement répandus en Europe. C'est un de ceux dont le ramage agréable fait les délices des champs et de la solitude. Il s'apprivoise facilement, répète les airs qu'on lui apprend avec le flageolet, mue sur la fin du printemps, et se nourrit de millet, de navette, de mourron et de graine de lin.

Le serin, quoique originaire des îles Canaries, se plaît tellement dans notre climat, qu'il s'y multiplie très bien : forme élégante, taille légère et souple, gentil plumage, chant mélodieux, cadences perlées, gaieté, propreté, docilité, familiarité, tout enchante dans ce joli petit musicien de nos appartements. On écoute avec plaisir un serin, même lorsqu'il n'a eu d'autre maître que la nature ; ceux dont les accents et le ramage ont été modifiés par une bonne éducation sifflent plusieurs airs avec goût, précision et sans les confondre. On connaît un très grand nombre de variétés dans cette dernière espèce ; il serait impossible de les énumérer toutes sans exception. Pour réussir dans l'éducation de ces petits oiseaux, il faut leur accorder de la propreté, de l'eau pour se baigner, une nourriture ni trop abondante ni trop succulente : autrement on ne pourrait les préserver des maladies auxquelles ils sont sujets, et qui sont les suites de leur esclavage.

LE BEC-CROISÉ

Le bec-croisé est de tous les oiseaux de cette famille le plus facile à caractériser par son gros bec, dont les deux mandibules se croisent à leur extrémité. Cet oiseau fait sa demeure principalement dans les grandes forêts de pins et de sapins des contrées boréales. Leurs mandibules, si singulièrement conformées, leur servent à extraire les graines cachées sous les écailles solides des pommes de pin et des autres conifères. Quand cette nourriture ingrate vient à leur manquer, ils mangent les jeunes bourgeons et les racines tendres des plantes qui croissent dans les forêts qu'ils fréquentent.

Un des traits les plus frappants de l'histoire de ces oiseaux, c'est qu'ils ne viennent dans nos contrées pour s'y reproduire que pendant les froids les plus rigoureux de notre hiver. Quand leur jeune famille commence à prendre des forces et que la belle saison revient nous visiter, ils s'enfuient vers le nord et vont chercher les contrées glaciales qui avoisinent le pôle arctique.

LES ÉTOURNEAUX

Les étourneaux sont criards et voyageurs; ils vivent d'insectes et aiment à se trouver en troupes nombreuses. Ils nichent dans les troncs d'arbres et même sous les toits des maisons. Ils sont si familiers, qu'ils suivent les troupeaux pour attraper les insectes qui se jettent sur eux; ils fréquentent beaucoup les prairies, les jardins, les vergers et en général tous les endroits où un appât quelconque attire les insectes, dont ils sont extrêmement friands. Ces oiseaux sont répandus sur presque toutes les parties du globe, où leurs mœurs ne sont pas sensiblement altérées. L'*étourneau commun*, connu vulgairement sous le nom de *sansonnet*, est revêtu d'un plumage assez brillant, et apprend très facilement à siffler et à prononcer quelques mots.

L'OISEAU-MOUCHE

De tous les êtres animés voici le plus élégant pour la forme, et le plus brillant pour les couleurs. Les pierres et les métaux polis par notre art ne sont pas comparables à ce bijou de la nature, dont le chef-d'œuvre est le petit oiseau-mouche. Elle l'a comblé de tous les dons qu'elle n'a fait que partager aux autres oiseaux : légèreté, rapidité, grâces et riche parure, tout appartient à ce petit favori ; l'émeraude, le rubis, la topaze brillent sur ses plumes ; il ne les souille jamais de la poussière de la terre, et dans sa vie tout aérienne on le voit à peine toucher le gazon par instants ; il est toujours en l'air, volant de fleur en fleur ; il vit de leur nectar, et n'habite que les climats où sans cesse elles se renouvellent.

La colère du lion est redoutable, terrible, mais presque toujours juste ; celle de l'oiseau-mouche est aussi plaisante qu'elle est déraisonnable. Lorsqu'il ne trouve pas dans la fleur qu'il suce le miel qu'il y cherchait, il devient furieux, ses plumes se hérissent, il se venge sur la fleur et la met en pièces à coups de bec. Rien n'égale, en effet, sa vivacité, son courage, son audace : on le voit poursuivre avec furie des oiseaux vingt fois plus gros que lui, s'attacher à leur corps, se laisser emporter par leur vol, les accabler de coups de bec, jusqu'à ce qu'il ait assouvi sa petite colère. Son vol rapide et bourdonnant fait entendre un bruit semblable à celui d'un rouet ; il n'a d'autre voix qu'un petit cri fré-

quent et répété. C'est la femelle seule qui construit
son nid, de la grosseur et de la forme d'une moitié
d'abricot; elle l'attache à deux feuilles, ou à un
seul brin d'oranger ou de citronnier. Elle y dépose
deux œufs tout blancs, comme de petits pois,
qu'elle couve pendant douze jours; les petits, éclos
le treizième, sont nourris par leur mère, qui leur
donne à sucer sa langue tout emmiellée du suc
des fleurs. Ces oiseaux se laissent approcher jusqu'à
cinq à six pas. On les tire avec du sable au lieu de
plomb; on les prend aussi avec une verge enduite
d'une gomme gluante; il suffit de les toucher lorsqu'ils bourdonnent autour d'une fleur; ils meurent
aussitôt qu'ils sont pris. On connaît un grand
nombre d'espèces d'oiseaux-mouches; le plus petit
est d'un gris violet et de la grosseur d'une abeille.

LE COLIBRI

La nature, en prodiguant tant de beautés à l'oiseau-mouche, n'a pas oublié le colibri, son voisin;
elle l'a produit dans le même climat et formé sur le
même modèle. Aussi brillant, aussi léger que l'oiseau-mouche, et vivant comme lui sur les fleurs,
le colibri est paré de même de tout ce que les plus
riches couleurs ont d'éclatant et d'enchanteur.

Ce que nous avons dit de la beauté de l'oiseau-
mouche, de sa vivacité, de son vol bourdonnant et
rapide, de sa constance à visiter les fleurs, de sa
manière de nicher et de vivre, doit s'appliquer également au colibri. Un même instinct anime ces
deux charmants oiseaux, et c'est leur ressemblance
qui les a fait longtemps confondre sous un même
nom; cependant ils diffèrent l'un de l'autre par un

caractère évident et constant. Cette différence est
dans le bec : celui des colibris, égal et effilé, n'est
pas droit comme dans l'oiseau-mouche, mais courbé
dans toute sa longueur. De plus, la taille svelte et

Le colibri.

légère des colibris paraît plus allongée que celle des
oiseaux-mouches.

Le courage et la hardiesse des colibris sont au-
dessus de leur force. L'oiseau qu'on a nommé *gros-
bec* est friand de leurs œufs. Lorsqu'il s'approche

du nid, le père et la mère s'élancent sur lui, le poursuivent. L'oiseau, quoique fort et armé d'un bec vigoureux, fuit, jette les hauts cris; il sent qu'il a affaire à des ennemis dangereux. Si les colibris peuvent l'atteindre, ils s'attachent sur son corps, le percent de leur bec effilé et aigu, et le poignardent jusqu'à ce qu'il périsse.

On prend les colibris de la même manière que les oiseaux-mouches. On les fait sécher à une chaleur douce, et leurs couleurs ne perdent rien de leur éclat. Les dames américaines les suspendent à leurs oreilles comme des diamants. On fait avec leurs plumes des tapisseries et des tableaux. On connaît un grand nombre d'espèces appartenant au même genre. On pourra juger de la richesse du plumage de ces magnifiques oiseaux par les noms spécifiques qu'on leur a donnés : le *colibri grenat*, le *colibri topaze*, le *rubis*, le *saphyr*, le *rubis-émeraude*, etc.

IVᵉ FAMILLE DES PASSEREAUX

LES SYNDACTYLES

Nous avons maintenant à caractériser une famille assez peu nombreuse dans l'immense série des passereaux. Le doigt externe et le doigt médian se trouvent réunis par une forte membrane jusqu'aux deux tiers de leur extrémité; les autres doigts sont dans des conditions normales. Quelques naturalistes considèrent cette famille comme formant un groupe peu naturel; néanmoins les détails de l'organisation intérieure, et cette singularité de struc-

ture de la patte, suffisent pour les réunir et les caractériser zoologiquement.

LE MARTIN-PÊCHEUR

Le martin-pêcheur est un des plus jolis oiseaux
de nos contrées ; le dessus du corps est verdâtre ondé
de noirâtre ; une large bande du plus beau bleu
d'algue marine règne le long du dos ; le dessous et
un ruban de chaque côté du cou sont roussâtres. Il
se nourrit de petits poissons, de larves aquatiques,
qu'il sait prendre avec beaucoup d'adresse, en rasant
continuellement la surface de l'eau. Quelquefois il
se pose sur une branche d'arbre placée au-dessus du
courant, et là attend avec une admirable patience
que quelque poisson vienne prendre ses ébats à la
surface de l'eau. Il se précipite alors sur sa proie
avec tant de justesse et de célérité qu'elle s'échappe
rarement. Maître de sa proie, il la mange tranquillement sur un arbre voisin. Quand par l'action de
l'estomac les parties charnues ont été digérées, il
possède la faculté, comme les oiseaux de proie nocturnes, de rejeter les écailles, les épines, les arêtes,
les nageoires, et toutes les parties coriaces qui ont
résisté à la puissance des sucs digestifs. Le martin-
pêcheur est si sauvage, qu'il ne se laisse jamais approcher ni apprivoiser quand on a pu le surprendre.
Sa chair a une odeur désagréable de musc.

LES CALAOS

Nous terminons l'histoire de l'espèce des passereaux par le plus extraordinaire de ses genres : il

n'a pas avec les autres syndactyles autant de ressemblance qu'ils en ont entre eux, et pourrait fort
bien présenter des caractères suffisants pour donner
lieu à la création d'une nouvelle famille. Les calaos
sont de grands oiseaux d'Afrique et des Indes, que
leur énorme bec dentelé, surmonté de proéminences
quelquefois aussi grandes que lui, rend très remarquables. Mais, malgré la grosseur de cet organe,
les calaos ne sont rien moins que forts ; la corne
des mandibules de leur bec offre si peu de résistance, que la moindre violence suffit pour la briser.
Aussi ces oiseaux sont-ils réduits à ne vivre que
d'insectes, de vers, de fruits ; quelquefois ils prennent
des reptiles, des oiseaux, de petits mammifères ;
mais ils sont obligés de les froisser longtemps avec
leurs mandibules pour les ramollir et pouvoir ensuite les avaler tout entiers. Leur naturel a dû recevoir une puissante modification de la constitution
si défavorable des organes de la préhension et de la
mastication. Aussi ces oiseaux sont-ils défiants,
timides, ayant une démarche lourde, nonchalante,
pénible ; il ne se donnent quelque mouvement que
quand ils sont pressés par le besoin, et passent tout
le reste du temps nonchalamment perchés sur
quelque arbre. Comme ils ont une grande antipathie pour les souris, et que leur caractère n'est
pas farouche, les Indiens les élèvent en domesticité
pour faire disparaître ces petits quadrupèdes si incommodes.

TROISIÈME ORDRE DES OISEAUX

LES GRIMPEURS

En indiquant le caractère de l'ordre des grimpeurs, qui consiste en ce que deux doigts sont dirigés en avant et deux en arrière, nous ne pouvons nous empêcher de reconnaître que, si ce caractère est facile à saisir, il s'applique à un groupe d'oiseaux peu naturellement circonscrit, puisqu'il ne renferme pas les individus qui se ressemblent le plus par les détails de l'organisation. La disposition des doigts donne à ces oiseaux un point d'appui très favorable à la station sur le tronc ou sur les branches des arbres sur lesquels ils cherchent leur nourriture ; mais ces oiseaux ne sont pas exclusivement doués de cette faculté, puisque nous la retrouvons dans certains genres de passereaux ; et d'ailleurs quelques espèces qui appartiennent à cet ordre n'en jouissent pas. Le nom de *grimpeurs,* que les naturalistes ont jusqu'ici employé pour désigner cet ordre par une de ses facultés qui semblait lui être exclusive, a paru aux ornithologistes de nos jours tout à fait impropre, et ils ont proposé de le remplacer par celui de *zygodactiles,* qui, en effet, a l'avantage de ne donner aucune idée fausse des habitudes de tous ces oiseaux.

Tous les oiseaux qui sont renfermés dans l'ordre des grimpeurs ont des tarses courts, et se posent rarement à terre, sur laquelle ils ne marchent que difficilement et maladroitement : comme d'ailleurs leur vol est peu favorisé par le développement des ailes et des pennes de la queue, ils sont généralement attachés au tronc et aux branches des arbres, qu'ils parcourent dans tous les sens. Ils ont tous une physionomie grave et sérieuse, et n'offrent point dans leurs manières ces gentillesses qui nous charment tant dans une infinité d'espèces de l'ordre des passereaux ; les perroquets seuls, par leur instinct d'éducabilité, font exception.

LES PICS

De tous les oiseaux que la nature force à vivre de la grande ou de la petite chasse, il n'en est aucun dont elle ait rendu la vie plus laborieuse, plus dure que celle du pic ; elle l'a condamné au travail et, pour ainsi dire, à la galère perpétuelle : tandis que les autres ont pour moyens la course, le vol, l'embuscade, l'attaque, exercice libre où le courage et l'adresse prévalent, le pic, assujetti à une tâche pénible, ne peut trouver sa nourriture qu'en perçant les écorces et la fibre dure des arbres qui la recèlent. Occupé sans relâche à ce travail de nécessité, il ne connaît ni délassement ni repos : souvent même il dort et passe la nuit dans l'attitude contrainte de la besogne du jour. Il ne partage point les doux ébats des autres habitants de l'air, il n'entre point dans leurs concerts, et n'a que des cris sauvages dont l'accent plaintif, en troublant le silence des bois, semble exprimer ses efforts et sa peine ; ses mouvements sont brusques : il a l'air inquiet, les traits de la physionomie rudes, le naturel sauvage et farouche ; il fuit toute société, même celle de son semblable.

Tel est l'instinct étroit et grossier d'un oiseau borné à une vie triste et chétive. Il a reçu de la nature des organes et des instruments appropriés

à cette destinée, ou plutôt il tient de cette destinée
même les organes avec lesquels il est né. Quatre
doigts épais, nerveux, tournés deux en arrière,
deux en avant, armés de gros ongles arqués, im-
plantés sur un pied très court et puissamment mus-

Le pic.

clé, lui servent à s'attacher fortement et à grimper
en tous sens autour du tronc des arbres. Son bec
tranchant, droit, en forme de coin, carré à sa base,
cannelé dans sa longueur, aplati et taillé à sa pointe

comme un ciseau, est l'instrument avec lequel il perce l'écorce et entame profondément le bois des arbres où les insectes ont déposé leurs œufs. Ce bec, d'une substance solide, sort d'un crâne épais ; de forts muscles dans un cou raccourci portent et dirigent les coups réitérés que le pic frappe incessamment pour percer le bois et s'ouvrir un accès jusqu'au cœur des arbres ; il y darde une longue langue effilée, arrondie, lombriciforme, armée d'une pointe dure, osseuse, comme d'un aiguillon, dont il perce dans leurs trous les larves d'insectes xylophages qui composent toute sa nourriture. Sa queue, composée de dix pennes raides, fléchies en dedans, tronquées à la pointe, garnies de soies rudes, lui sert de point d'appui dans l'attitude souvent renversée qu'il est obligé de prendre pour grimper et frapper avec avantage. Il niche dans les cavités qu'il a en partie creusées lui-même, et c'est du sein des arbres que sort cette progéniture qui, quoique ailée, est néanmoins destinée à ramper alentour, à y entrer pour s'y reproduire, et à ne s'en séparer jamais.

Le *pic-vert* est le plus connu des oiseaux de ce genre et le plus répandu dans toutes nos contrées. Il arrive au printemps et fait retentir les forêts de ces cris aigus et durs que l'on entend de loin, et qu'il jette surtout en volant par sauts et par bonds. Le *pic-noir* vit principalement en Allemagne et dans les grandes forêts de sapins de l'Europe septentrionale ; nous connaissons encore en France le *pic-cendré*, le *pic-tridactyle*, les *épeiches*, *grand*, *moyen* et *petit*.

LE TORCOL

Ce genre ne renferme que deux ou trois petits oiseaux qui tirent leur dénomination de la singulière habitude qu'ils ont de se tordre le cou en différents sens quand ils se voient saisis. On a imaginé diverses raisons pour rendre compte de mouvements si extraordinaires. Quelques naturalistes ont prétendu y voir seulement une ruse de l'animal pour se soustraire à un danger pressant; d'autres ont voulu y reconnaître une véritable catalepsie dans laquelle tombe involontairement cet oiseau. Quoi qu'il en soit, le torcol possède les mœurs et la manière de vivre des pics que nous venons d'examiner. Il ne vit que d'insectes, mène une vie solitaire, et niche dans des creux d'arbres.

LES COUCOUS

Les coucous sont fort nombreux; car ce nom ne s'applique pas seulement à l'espèce que nous désignons ordinairement ainsi, mais à tous les oiseaux de l'ordre qui ont la queue longue, le bec de grandeur médiocre, bien fendu, légèrement arqué, un peu comprimé, et sans échancrure à son extrémité. Le coucou prend son nom de son cri, qu'on commence à entendre dans les premiers jours de mai jusqu'à la fin de juillet; le reste de l'année on ne le voit plus, on ne l'entend plus, soit qu'il passe dans d'autres climats, ou qu'il soit condamné au mutisme. Il est carnassier, se nourrit d'insectes, mange les petits oiseaux, et dévore leurs œufs. Un trait singulier et presque unique, c'est que la femelle ne se construit point de nid, mais va déposer ses œufs dans le nid d'autres oiseaux, tels que les linottes, mésanges, alouettes, pinsons, fauvettes, rouges-gorges et autres.

LES BARBUS

Les barbus ont le bec simplement conique, légèrement déprimé, l'arête mousse un peu comprimée au milieu. Ces oiseaux habitent les contrées les plus chaudes des deux continents, où ils se font remarquer par leur caractère farouche, leurs mœurs sauvages et des mouvements sans énergie. Quoique leurs plumes soient ornées de couleurs éclatantes, on a peine à leur accorder le titre de la beauté. En effet, les nuances sont sèchement tranchées, et ne s'harmonisent en aucune façon. Tout ce qui plaît à l'œil semble donc leur avoir été refusé par l'avare nature. Le tissu des plumes n'offre pas ce moelleux si propre à faire ressortir la vivacité des tons; les plumes à barbes sont courtes, les barbes et les barbules mal unies, ce qui contribue encore à détruire l'effet d'une belle coloration. Ces oiseaux paresseux vivent perchés sur les arbres touffus, où ils cherchent à éviter les regards de l'homme et la poursuite de leurs nombreux ennemis. Leur genre de vie est presque semblable à celui des pies-grièches; ils vivent ordinairement d'insectes et quelquefois de petits oiseaux; ils y ajoutent encore les fruits sucrés qui croissent dans les climats chauffés par un soleil ardent. On peut rencontrer ces oiseaux par petites troupes dans toutes les parties les plus favorisées de la nature en Amérique et dans les Indes.

LES TOUCANS

Ces oiseaux se reconnaissent parmi tous les autres
à leur énorme bec, presque aussi gros et aussi long
que leur corps, léger et celluleux intérieurement,
arqué vers le bout, irrégulièrement denté aux
bords, et à leur langue étroite et garnie de chaque
côté de barbes comme une plume. On ne les trouve
que dans les parties chaudes de l'Amérique, où ils
vivent en petites troupes, se nourrissent de fruits et
d'insectes, dévorent pendant la saison de la ponte
les œufs et les petits oiseaux nouvellement éclos.
La structure de leur bec, le peu de densité de la
substance cornée, son peu de résistance aux efforts
d'une mastication laborieuse, les empêchent de
pouvoir attaquer une proie robuste, et ne leur permettent pas de résister à l'attaque de leurs ennemis. Quand ils ont saisi leur proie, ils sont obligés
de l'avaler sans la mâcher, et, pour la faire arriver
jusque dans leur gosier, ils la jettent en l'air et la
reçoivent dans leur énorme bouche au moment où
elle retombe. Quand on considère attentivement
l'organisation bizarre de la langue et du bec des
toucans, on est obligé de confesser que l'on ignore
les raisons qui ont déterminé la nature dans une
grande multitude de ses œuvres. L'esprit humain
veut pourtant sonder la profondeur de tous les secrets de l'organisation pour en tirer des déductions
philosophiques propres à fonder ce que dans ces
derniers temps on a orgueilleusement appelé la
philosophie zoologique. Les obstacles qui viennent
entraver nos efforts presque à chaque pas que nous
tentons, doivent nous avertir que les œuvres de Dieu

portent l'empreinte de sa puissance créatrice, mais
aussi qu'elles sont quelquefois recouvertes d'un
voile que nos efforts sont impuissants à soulever.

LES PERROQUETS

Non seulement cet oiseau a la facilité d'imiter la
voix humaine, il semble encore en avoir le désir :
il le manifeste par son attention à écouter, et par
l'effort qu'il fait pour répéter quelques-unes des
syllabes qu'il vient d'entendre. C'est surtout dans
ses premières années qu'il montre cette facilité,
qu'il a plus de mémoire, et qu'on le trouve plus
intelligent et plus docile. Les talents des perroquets
ne se bornent pas à l'imitation de la parole, ils apprennent aussi à contrefaire certains gestes et certains mouvements. Quelquefois, quand ils voient
danser, ils sautent aussi, mais de la plus mauvaise
grâce, levant leurs pattes d'une manière ridicule
et retombant lourdement.

L'espèce de société que le perroquet contracte
avec nous par le langage est plus étroite et plus
douce que celle à laquelle le singe peut prétendre
par son imitation capricieuse de nos mouvements
et de nos gestes ; si celle du chien, du cheval et de
l'éléphant est plus intéressante par le sentiment,
la société de l'oiseau parleur est quelquefois plus
attachante par l'agrément : il récrée, il distrait, il
amuse ; dans la solitude il est compagnie, dans la
conversation il est interlocuteur ; il répond, il appelle, il accueille, il jette l'éclat des ris, il exprime
l'accent de l'affection, il joue la gravité de la sen-
tence ; ses petits mots jetés par hasard égayent par
la disparate, ou quelquefois surprennent par leur

justesse. Ce jeu d'un langage sans idées a je ne sais
quoi de bizarre et de grotesque ; et, sans être plus
vide que beaucoup de propos, il est toujours plus
amusant. A cette imitation de nos paroles le perro-

Le perroquet.

quet semble joindre quelque chose de nos inclina-
tions et de nos mœurs : il aime et il hait, il a des
attachements et des jalousies, des préférences, des
caprices ; il s'admire, s'applaudit, s'encourage ; il

se réjouit et s'attriste ; il semble s'attendrir et s'émouvoir aux caresses.

Les perroquets et les perruches, qui viennent immédiatement après, forment une longue suite d'espèces propres à l'Afrique, à l'Amérique et aux Indes orientales. Les espèces les plus répandues sont le *perroquet gris* ou *jaco*, l'*amazone*, la *perruche commune*, la *perruche à collier*, le *kakatoès à crête*, le *kakatoès violet*, l'*ara macao*, l'*ara hyacinthe*, etc.

QUATRIÈME ORDRE DES OISEAUX

LES GALLINACÉS

Les oiseaux qui composent le quatrième ordre sont peut-être ceux qu'il est le plus difficile de bien caractériser. On a donné ce nom à tous les oiseaux qui ont une affinité avec notre coq domestique, et qui, comme lui, ont en général la mandibule supérieure voûtée, les narines percées dans un large espace membraneux de la base du bec, recouvertes par une écaille cartilagineuse. Les gallinacés ont le port lourd, les ailes courtes, le sternum osseux, diminué par deux échancrures si larges et si profondes qu'elles occupent presque tous ses côtés ; sa crête est tronquée obliquement en avant, en sorte que la pointe aiguë de la fourchette ne s'y joint que par un ligament : toutes circonstances qui, en affaiblissant beaucoup les muscles pectoraux, rendent son vol difficile. Chez ces oiseaux, la queue a le plus souvent quatorze et quelquefois jusqu'à dix-huit pennes ; leur larynx inférieur est très simple : aussi

aucun ne chante-t-il agréablement. Ils ont un jabot
très large et un gésier très vigoureux. Les gallinacés sont de plus granivores, et pour pouvoir digérer les aliments qu'ils avalent sans leur faire subir
le travail de la mastication, il était nécessaire que
dans leur tube alimentaire il existât un appareil
vigoureux de trituration. Le gésier, armé de deux
muscles puissants dont les fibres tendineuses s'en-
tre-croisent, est aidé dans son action par les petits
grains de sable que ces oiseaux ont coutume d'in-
gérer en recueillant leur nourriture.

La famille qui se place le plus naturellement dans
cet ordre est celle qui nous a fourni tous nos oiseaux
de basse-cour ; celle des pigeons semble n'avoir que
certains rapports avec la première. Quelques ornithologistes les placent, dans leurs distributions
méthodiques, avant la famille des gallinacés proprement dits, comme faisant une transition assez
naturelle des ordres précédents à celui auquel ils
appartiennent.

LE PAON

Si l'empire appartenait à la beauté, et non à la
force, le paon serait sans contredit le roi des oiseaux ; il n'en est point sur qui la nature ait versé
ses trésors avec plus de profusion : la taille grande,
le port imposant, la démarche fière, la figure
noble, les proportions du corps élégantes et sveltes,
tout ce qui annonce un être de distinction lui a été
donné ; une aigrette mobile et légère, peinte des plus
riches couleurs, orne sa tête et l'élève sans la charger ; son incomparable plumage semble réunir tout
ce qui flatte nos yeux dans le coloris tendre et frais

des plus belles fleurs, tout ce qui les éblouit dans les
reflets pétillants des pierreries, tout ce qui les étonne
dans l'éclat majestueux de l'arc-en-ciel ; non seulement la nature a réuni sur le plumage du paon

Le paon.

toutes les couleurs du ciel et de la terre pour en faire
le chef-d'œuvre de sa magnificence, elle les a encore
mêlées, assorties, nuancées, fondues de son inimi-
table pinceau, et en a fait un tableau unique, où
elles tirent de leurs mélanges avec des nuances plus

sombres, et de leurs oppositions entre elles, un nouveau lustre et des effets de lumière si sublimes, que notre art ne peut ni les imiter ni les décrire.

Tel paraît à nos yeux le plumage du paon lorsqu'il se promène paisible et seul dans un beau jour de printemps; mais si quelque excitation se joint aux influences naturelles de la saison et lui inspire une nouvelle ardeur, alors toutes ses beautés se multiplient; ses yeux s'animent et prennent de l'expression; son aigrette s'agite sur sa tête et annonce l'émotion intérieure; les longues plumes de sa queue déploient en se relevant leurs richesses éblouissantes; sa tête et son cou se renversent noblement en arrière, se dessinent avec grâce sur ce fond radieux où la lumière du soleil se joue en mille manières, se perd et se reproduit sans cesse, et semble prendre un nouvel éclat plus doux et plus moelleux, de nouvelles couleurs plus variées et plus harmonieuses; chaque mouvement de l'oiseau produit des milliers de nuances nouvelles, des gerbes de reflets ondoyants et fugitifs, sans cesse remplacés par d'autres reflets et d'autres nuances toujours diverses et toujours admirables.

Mais ces plumes brillantes, qui surpassent en éclat les plus belles fleurs, se flétrissent aussi comme elles et tombent chaque année; le paon, comme s'il sentait la honte de sa perte, craint de se faire voir dans cet état humiliant, et cherche les retraites les plus sombres pour s'y cacher à tous les yeux, jusqu'à ce qu'un nouveau printemps, lui rendant sa parure accoutumée, le ramène sur la scène pour y jouir des hommages dus à sa beauté. On prétend qu'il en jouit en effet, qu'il est sensible à l'admiration, que le vrai moyen de l'engager à étaler ses belles plumes, c'est de lui donner des regards d'attention et des louanges, et qu'au contraire, lorsqu'on paraît le regarder froidement et sans beaucoup d'intérêt, il replie tous ses trésors et les cache à qui ne sait point les admirer.

Ce superbe oiseau, originaire du nord de l'Inde, a été apporté en Europe par Alexandre, roi de Macédoine. Les individus sauvages surpassent encore en beauté les individus domestiques ; les teintes de leur plumage sont plus pures, et n'ont aucune de ces altérations que la domination de l'homme imprime sur tous les animaux qu'il se soumet. Il existe au Japon une autre espèce de paon qu'on appelle *spicifère*. A côté de ce genre doit se placer le lophophore de l'Inde, magnifique oiseau qui le cède peu au paon lui-même.

LE DINDON

Si le coq ordinaire est l'oiseau le plus utile de la basse-cour, le dindon domestique en est le plus remarquable, soit par la grandeur de sa taille, soit par la forme de sa tête, soit par certaines habitudes naturelles. Sa tête, qui est fort petite, manque de la parure ordinaire aux oiseaux, car elle est presque entièrement dénuée de plumes et recouverte de mamelons rougeâtres ; sur la base du bec supérieur s'élève une caroncule charnue de forme conique, sillonnée par des rides transversales assez profondes. Si quelque objet étranger se présente inopinément, cet oiseau, qui n'a rien dans son port ordinaire que d'humble et de simple, se rengorge tout à coup avec fierté ; sa tête et son cou se gonflent, la caroncule conique se déploie ; toutes ses parties charnues se colorent d'un rouge plus vif; en même temps les plumes du bas du cou et du dos se hérissent, et la queue se dresse en éventail, tandis que ses ailes s'abaissent en se déployant jusqu'à traîner par terre.

On se ferait une idée fausse de ces oiseaux si l'on voulait en juger d'après ce que nous les voyons dans nos basses-cours. Dans les vastes plaines et les immenses forêts de l'Amérique septentrionale, leur patrie, ils déploient autant d'énergie, de noblesse, de grâce, que dans nos campagnes ils montrent un port lourd, une démarche stupide et des habitudes grossières. Quoique leurs ailes soient d'une médiocre étendue, et que les muscles pectoraux n'aient pas un grand développement, ces oiseaux ne laissent pas que de se soustraire par un vol rapide et assez soutenu aux embûches et à la poursuite du chasseur. Le dindon sait trouver dans son instinct des ruses pour échapper à la mort quand ses ennemis le poursuivent de trop près : il se blottit dans les broussailles, reste immobile, et ne trahit sa retraite par aucun mouvement, jusqu'à ce que le péril soit dissipé.

Les dindons sauvages de la Virginie sont couverts de plumes ornées de couleurs métalliques à reflets variés d'un grand effet. Ils sont le plus souvent d'un brun verdâtre glacé de cuivré. Mais par l'effet de la domesticité, ainsi que beaucoup d'autres animaux, ils ont perdu la brillante parure que leur avait accordée l'auteur de la nature. Le dindon fut apporté d'Amérique au xvie siècle par les jésuites, et se répandit promptement dans toute l'Europe à cause de la bonté de sa chair.

LES PINTADES

Les pintades se font remarquer par une espèce de crête osseuse qui leur recouvre la moitié de la tête, par leur tête nue et les barbillons charnus qui leur pendent aux joues. Leur taille est médiocre, et leur corps arrondi leur donne quelques rapports de ressemblance générale avec les cailles et les perdrix. Les pintades sont originaires d'Afrique, où elles vivent par bandes assez peu nombreuses dans les taillis et dans tous les endroits plantés d'arbrisseaux, et où elles s'occupent à la recherche des insectes, des vers et des baies, dont elles font leur nourriture. Ces oiseaux ont été transportés en Europe et en Amérique, et jamais ils n'ont souffert du changement de climat. Ils ne se sont pas multipliés beaucoup en Europe, à cause des vices de leur caractère : irascibles, défiants, jaloux, criards, ils sont en guerre perpétuelle avec les autres habitants de nos basses-cours et importunent tout le monde par leurs cris rauques et désagréables, qu'ils font sans cesse retentir. On connaît plusieurs espèces de ce genre : outre la *pintade commune,* on a décrit depuis longtemps déjà la *pintade mitrée* et la *pintade à crête.*

LE COQ ET LA POULE

Le coq est le roi de la basse-cour, et son port fier et altier indique qu'il sent sa noblesse et son empire. Il a du feu dans les yeux, de la liberté dans la démarche, de la grâce dans les mouvements, et des proportions qui annoncent la force et la valeur. Il est souvent obligé de déployer toute l'énergie de son courage quand un rival veut lui disputer son petit royaume. Il ne cède qu'avec la vie les lieux dont il a pris possession, et c'est avec une fureur

Le coq.

qu'il ne saurait maîtriser qu'il se précipite sur son ennemi. L'homme a su tirer parti pour son amusement de cette antipathie d'un coq pour un autre coq; les anciens et les modernes ont dressé quelques-uns de ces oiseaux à des combats qui acquirent

quelquefois une triste célébrité par les gageures dé-
raisonnables auxquels ils donnèrent lieu. Ces jeux
ont à peu près complètement disparu.

La poule, qui a montré tant d'ardeur pour couver,
qui a couvé avec tant d'assiduité, qui a soigné avec
tant d'activité les embryons qui n'existaient point
pour elle, ne se refroidit point quand ils sont
éclos : son attachement, fortifié par la vue de ces
petits êtres qui lui doivent la naissance, s'accroît
encore tous les jours par les nouveaux soins qu'exige
leur faiblesse; sans cesse occupée d'eux, elle ne
cherche de la nourriture que pour eux; si elle n'en
trouve point, elle gratte la terre avec ses ongles
pour lui arracher les aliments qu'elle récèle dans
son sein, et elle s'en prive en leur faveur. Elle les
rappelle lorsqu'ils s'égarent, les met sous ses ailes
à l'abri des intempéries et les couve une seconde
fois; elle se livre à ces tendres soins avec tant
d'ardeur et de soucis, que sa constitution en est
sensiblement altérée, et qu'il est facile de distinguer de toute autre poule une mère qui mène ses
petits, soit à ses plumes hérissées et à ses ailes
traînantes, soit au son enroué de sa voix et à ces
différentes inflexions toutes expressives, et ayant
toutes une forte empreinte de sollicitude et d'affection maternelles.

Mais si elle s'oublie elle-même pour conserver
ses petits, elle s'expose à tout pour les défendre.
Paraît-il un épervier dans l'air, cette mère si faible,
si timide, et qui, en toute autre circonstance, chercherait son salut dans la fuite, devient intrépide
par tendresse; elle s'élance au-devant de sa serre
redoutable, et par ses cris redoublés, ses batte-
ments d'ailes et son audace, elle impose souvent
à l'oiseau carnassier, qui, rebuté d'une résistance

imprévue, s'éloigne et va chercher une proie plus facile.

On connaît plusieurs espèces de coqs sauvages des monts Gates dans l'Hindoustan et de l'île de Java.

LES FAISANS

Les faisans se font aisément reconnaître à leur longue queue étagée, composée de dix-huit pennes, et à leur plumage orné de reflets éclatants. Le mâle est un bel oiseau dont la tête et le cou sont d'un vert doré, le reste du corps d'un marron tirant sur le pourpre et très brillant, et la queue grisâtre mêlée de brun et de marron. Ces oiseaux, comme tous les gallinacés en général, sont défiants et sauvages ; dans les contrées où ils vivent indépendants, on les rencontre par petites troupes courant à la recherche des insectes, des vermisseaux et des haies, qui composent leur nourriture. Leur défiance perpétuelle les rend très difficiles à approcher pour les chasseurs. La délicatesse de leur chair les fait élever en domesticité ; mais leur éducation exige de grands soins et de grandes dépenses, et les *faisanderies* sont de nos jours devenues assez rares. L'espèce la plus commune et la plus anciennement connue se trouve abondamment à l'état sauvage dans le Caucase et dans les plaines couvertes de jonc qui avoisinent la mer Caspienne. On croit généralement que son introduction en Grèce date de l'expédition des Argonautes au bord du Phase.

Nous connaissons en outre trois autres espèces originaires de la Chine : le *faisan à collier*, qui ne diffère du faisan commun que par une tache blanche à côté du cou ; le *faisan argenté*, qui est blanc en dessous avec des lignes noires, et qui s'apprivoise plus facilement que les précédents ; le *faisan doré*, si remarquable par la magnificence de son plumage ; sa tête est ornée d'une huppe pendante d'un jaune

Le faisan doré.

d'or ; son corps est revêtu d'une collerette orangée, émaillée de noir ; son ventre est rouge de feu, le haut de son dos est vert, les ailes rousses avec une belle tache bleue, le croupion jaune, et sa longue queue est brune tachetée de gris. Cuvier pense que la description du phénix, donnée par Pline le Naturaliste, a été faite d'après ce bel oiseau.

L'ARGUS

L'argus est considéré par le plus grand nombre des ornithologistes comme faisant partie du genre

L'argus.

faisan ; cependant il est facile de trouver des différences génériques pour l'en détacher. L'argus est un des oiseaux du midi de l'Asie les plus remarquables par les changements ou développements qu'ont acquis les pennes secondaires des ailes. Nous les voyons, en effet, successivement allongées et élargies, et couvertes sur toute leur longueur de taches en formes d'yeux, qui, lorsqu'elles sont étalées, donnent à l'oiseau un aspect tout à fait extraordinaire. C'est à l'ornement bizarre de ses plumes que cet oiseau doit son nom, emprunté à la mythologie. Il habite les montagnes de Sumatra et quelques autres contrées du sud-est de l'Asie.

LES PERDRIX

Les perdrix se font remarquer par un grand développement du sens de l'odorat, par le peu d'étendue de leurs ailes, qui ne favorisent pas un vol soutenu, et par la forme des muscles cruraux, qui les rendent agiles à la course. Ces oiseaux ne se perchent jamais, se tiennent toujours à terre, et cherchent d'abord leur salut dans la fuite plutôt que dans la rapidité de leur vol.

Leur nourriture consiste en grains de toute espèce, en bourgeons tendres des jeunes arbrisseaux, en insectes, et surtout en fourmis, dont elles se montrent très friandes. Nous les rencontrons par familles dans les climats tempérés, où elles recherchent de préférence les plaines et les champs cultivés. C'est ordinairement dans les sillons qu'elles déposent leurs œufs, dans un nid grossièrement préparé. Aussitôt que les petits sont éclos, ils quittent leur berceau pour suivre leur mère et chercher avec elle leur nourriture. C'est dans cette circonstance que s'exalte chez les perdrix l'affection maternelle, et que nous la voyons quelquefois déployer toutes les ruses d'un instinct très développé pour mettre en défaut les nombreux ennemis qui ont juré sa perte. Elle n'hésite point alors à exposer sa vie pour sauver celle de sa progéniture, et souvent son dévouement triomphe du danger : elle revient joyeuse et fière retrouver ses petits pour leur prodiguer de nouveau les soins les plus actifs et les plus intelligents.

On connaît plusieurs espèces de perdrix : la *perdrix grise* est la plus répandue ; elle est très féconde, et nous procure surtout une nourriture délicate ; la *perdrix rouge* se distingue de la précédente par son bec et ses pattes rouges, et par sa gorge blanche encadrée de noir ; elle se tient plus souvent dans les endroits élevés et solitaires ; la *bartavelle* ou *perdrix grecque* ne diffère de la dernière que par une taille un peu plus grande ; on la trouve dans les montagnes.

LES CAILLES

Ces oiseaux ont beaucoup de ressemblance extérieure avec les perdrix ; mais, plus petits, ils ont encore les mœurs un peu différentes et quelques habitudes particulières. Tout le monde connaît la caille commune, si répandue dans nos climats pendant la plus belle saison de l'année ; elle dépose ses œufs à terre, dans les blés, et se nourrit principalement de grains et d'insectes. Quoique cet oiseau soit fort lourd et qu'il paraisse mal conformé pour le vol, cependant chaque année il nous quitte pour traverser la Méditerranée et passer l'hiver en Afrique. Les cailles se réunissent alors en troupes nombreuses et volent de concert, le plus souvent au clair de la lune et pendant le crépuscule. Quand elles rencontrent sur leur route une île ou quelque rocher, elles en profitent pour se reposer ; et, en automne, elles s'abattent en si grand nombre dans différents points de l'archipel du Levant, que le produit de leur chasse est d'un revenu considérable. Excepté aux époques du voyage, elles vivent isolées. Le goût que ces oiseaux ont pour le voyage paraît inné en eux, et se manifeste, même dans les individus captifs, par des mouvements singuliers. Nous avons déjà eu occasion de parler de cet instinct extraordinaire, en émettant, dans notre introduction, quelques réflexions sur les migrations en général.

LES PIGEONS

Les pigeons forment à la suite des gallinacés proprement dits une famille peu nombreuse, mais bien distincte. Ils se trouvent à l'état sauvage dans les forêts et les rochers de l'Europe, où on les désigne par le nom de *ramier*. Il a été difficile de subjuguer et de rendre domestiques des oiseaux légers, indépendants, amis de la liberté, tandis qu'il n'a fallu presque aucune peine pour réduire à l'esclavage des oiseaux lourds, pesants, et qui, dans nos basses-cours, ne semblent prendre aucun souci de la perte de leur liberté. Les pigeons ne sont réellement ni domestiques ni prisonniers comme les poules : ce sont plutôt des captifs volontaires, des hôtes fugitifs, qui ne se tiennent dans le logement qu'on leur offre qu'autant qu'ils s'y plaisent, qu'ils y trouvent une nourriture abondante, un gîte agréable et toutes les commodités nécessaires à la vie. Quelques espèces, même dans nos colombiers, se montrent plus indépendantes que d'autres. Les premières abandonnent quelquefois le toit qu'on leur avait préparé, pour aller nicher dans des trous de vieilles murailles ou des fentes de rochers; tandis que

Le pigeon.

d'autres ne s'en écartent presque jamais, et vont chercher leur nourriture sans le perdre de vue. Ces oiseaux se multiplient beaucoup et offrent sur nos tables une nourriture saine et recherchée. Nous possédons en France quatre espèces sauvages de ce genre : le *ramier*, qui est le plus grand de ces oiseaux, le *colombin* ou *petit ramier*, le *biset* ou *pigeon de roche*, et la *tourterelle*, un des plus aimables oiseaux que nous puissions élever dans nos habitations. On conserve quelquefois en volière pour l'agrément la *tourterelle rieuse* ou *à collier*, qui paraît originaire d'Afrique.

CINQUIÈME ORDRE DES OISEAUX

LES ÉCHASSIERS

Nous trouvons dans cet ordre un type d'organisation dont nous n'avons eu aucun exemple dans les oiseaux que nous avons examinés précédemment, et que nous allons voir bientôt se modifier profondément dans l'ordre qui va suivre. Les oiseaux que nous avons étudiés ont coutume de poursuivre leur proie dans les airs ou sur la terre ; ceux qui s'offrent maintenant à notre examen sont les tyrans des eaux. Les palmipèdes et les échassiers font la guerre à la nombreuse tribu d'êtres vivants qui ont reçu en partage les ruisseaux, les rivières, les fleuves et tous les lieux aquatiques. Les uns ont reçu de larges rames pour frapper l'eau, et un corps constitué en forme de vaisseau pour fendre facilement le milieu sur lequel ils doivent passer leur vie ; les autres, et ce sont ceux qui nous occupent spécialement, ont de longues jambes, des tarses élevés, qui leur permettent de courir le long des eaux et dans les endroits où le sol est amolli par l'humidité, deux circonstances qui leur permettent d'entrer dans l'eau jusqu'à une certaine profondeur sans se mouiller les plumes, d'y marcher à gué et d'y pêcher, au moyen de leur *long bec emmanché d'un long cou,* les poissons et les reptiles qui forment leur nourriture. On leur a donné souvent le nom d'*oiseaux de rivage,* à cause de leurs habitudes; mais la dénomination d'*échassiers,* moins exclusive, convient beaucoup mieux, parce qu'on a réuni dans cet ordre tous les oiseaux qui se trouvaient montés sur de longues pattes, comme l'autruche, qui ne s'approche jamais des eaux. Nous sommes obligé de répéter encore la réflexion que nous avons déjà exprimée plusieurs fois au sujet des transitions insensibles que la nature a établies dans ses œuvres, transitions qui excitent l'admiration du philosophe, de l'anatomiste et du physiologiste, mais qui font le désespoir du classificateur qui veut traduire dans sa méthode l'ordre précis de la nature dans la série ascendante ou descendante des êtres organiques. Ici, comme souvent ailleurs, nous trouvons des difficultés à trancher nettement le groupe que nous avons voulu caractériser par de longs tarses et les jambes dénuées de plumes. Quelques genres, en effet, ont des tarses ordinaires, presque courts, mais les jambes nues; quelques autres ont de véritables palmures entre les doigts, mais des tarses très allongés, etc. Admirons l'auteur de la nature, qui a répandu tant de variété dans les êtres qu'il a appelés à la vie, et qui a su néanmoins enchaîner par des anneaux étroits toutes les parties de la création.

L'AUTRUCHE

L'autruche est le plus grand des oiseaux ; mais elle est privée, par sa grandeur même, de la principale prérogative des oiseaux, je veux dire la puis-

L'autruche.

sance de voler. Quelle force énorme ne faudrait-il pas, en effet, dans les ailes et dans les muscles pectoraux pour élever et soutenir en l'air une masse de trente-cinq à quarante kilogrammes! Du reste, les pennes des ailes et de la queue sont du genre de celles que les ornithologistes nomment décomposées, c'est-à-dire que la tige est garnie d'espèces de longues soies moelleuses et isolées. C'est principalement à cause de ses plumes que les Arabes font une guerre acharnée à *l'autruche d'Afrique;* on emploie ces plumes à faire des ornements très recherchés et très précieux, comme des plumets, des panaches, etc. Certains peuples élèvent même des autruches en domesticité pour leur enlever périodiquement ces plumes. L'autruche est tellement agile à la course, que le meilleur cheval arabe ne saurait l'atteindre; il faut donc recourir à la ruse pour pouvoir s'en emparer. Comme l'autruche, dans sa course, décrit un immense cercle, les chasseurs arabes suivent un cercle concentrique beaucoup moins étendu, pour la fatiguer, marchent en ligne droite vers le point où ils présument qu'elle doit aboutir, et la renversent d'un coup de fusil.

On a prétendu que, par l'effet d'une stupidité extrême, l'autruche, sur le point d'être prise, se cachait la tête, et se croyait hors de danger parce qu'elle n'apercevait plus ses ennemis. Il est probable que l'autruche cherche ainsi à protéger la partie la plus faible et la plus essentielle.

Les autruches ne font jamais de nid; elles déposent à terre, dans des trous creusés dans le sable, une quinzaine d'œufs, très gros et très bons à manger, dont un seul suffit pour le repas d'un homme. Sous la zone torride, ces œufs n'ont pas besoin d'être couvés, la chaleur solaire suffit pour développer l'embryon sous sa coquille calcaire; mais, dans les climats moins ardents, les autruches ont soin de les réchauffer de temps en temps, surtout pendant la nuit et lorsque l'atmosphère se refroidit un peu. Les petits mettent environ six semaines à éclore, et sont assez forts pour marcher après avoir rompu la coquille.

Les autruches vivent principalement de matières végétales, ont un gésier très fort, muni de muscles vigoureux, comme nous l'avons vu déjà chez les gallinacés. On trouve quelquefois dans l'estomac de ces grands échassiers des morceaux de fer, de cuivre, des pièces de monnaie, etc. ; et l'on a demandé s'ils avaient un liquide particulier dans leur estomac pour dissoudre des matières si rebelles par elles-mêmes au travail digestif. Ces substances métalliques se trouvent dans l'estomac des autruches comme les petits grains de quartz que nous rencontrons dans celui des gallinacés, et qui ont pour but d'aider la trituration des matériaux digestifs.

On connaît deux espèces d'autruches : celle d'Afrique, et le *nandou* ou *autruche d'Amérique*. Celle-ci diffère de la précédente en ce que sa tête est recouverte entièrement de plumes, et que ses pieds sont munis de trois doigts, tandis que l'autruche d'Afrique n'en a que deux. Ses plumes raides, et moins soyeuses, ne sont pas employées comme ornement, et ne servent qu'à fabriquer ces plumeaux avec lesquels on époussette les meubles.

LE CASOAR

Le casoar et l'autruche, les deux plus grands oiseaux connus, semblent s'être réservé les latitudes les plus chaudes de l'Afrique et de l'Asie. Tous les deux ils sont attachés à la terre, qu'ils parcourent laborieusement, sans pouvoir prendre leur essor avec leurs ailes, garnies simplement de plumes effilées. Cette modification du plumage est bien autrement profonde dans le casoar que dans l'autruche : on dirait le premier recouvert de longs poils semblables à ceux du sanglier. Si ses ailes ne peuvent le soustraire à la poursuite de ses ennemis, elles portent des armes offensives et défensives assez puissantes pour le protéger contre leurs attaques : ce sont des piquants courbés en arc de longueur variable, mais bien aiguisés et très vigoureux. Malheur à l'animal téméraire qui vient sans précaution fondre sur le casoar !

On connaît deux espèces du genre : le *casoar à casque* ou *émeu,* qui habite les îles du grand océan Indien. Il se distingue par une caroncule ornée qui lui couvre le sommet du crâne et qui lui a valu sa dénomination. La seconde espèce est le *casoar de la Nouvelle-Hollande,* qui a le bec déprimé, la tête dépourvue de caroncule, des plumes plus barbues, et les ailes dépourvues d'éperons. On lui fait une chasse active pour sa chair, qu'on estime à l'égal de celle du bœuf.

Le casoar confie ses œufs aux sables échauffés par les rayons du soleil, sans en prendre plus de soin que l'autruche.

LES OUTARDES

L'outarde est un des plus gros oiseaux que la chaleur modérée de nos étés attire dans nos climats. Cet oiseau a des mœurs farouches et un naturel sauvage. Il fixe sa demeure dans de grandes plaines, dans les blés et dans les campagnes couvertes de broussailles, où il cherche sa nourriture, qui consiste en grains, fruits, insectes, grenouilles, souris, mulots, et même quelquefois il y ajoute les petits oiseaux. Son caractère défiant le tient sans cesse en alerte, et au moindre bruit suspect il prend son essor, ou s'enfuit en courant à terre avec une très grande célérité. Ces oiseaux, pendant l'hiver, vivent en troupes, et l'on dit qu'ils en choisissent un pour faire sentinelle et les avertir de l'approche du moindre danger.

Nous avons en France la *grande outarde*, qui est beaucoup plus grosse qu'un dindon, et la *canepetière*, ou *petite outarde*, qui est moitié moindre. Elles sont de passage en été, et font leur ponte dans nos champs, parmi les blés et les seigles déjà mûrs; leurs petits courent dès leur naissance. Dans certaines provinces de France, quand un chasseur a été assez heureux pour tuer l'outarde, il réunit tous ses amis pour participer au banquet de famille dont elle fait le principal ornement.

L'AGAMI

Ce genre ne renferme qu'une seule espèce bien connue; c'est l'oiseau que les naturels du pays nomment l'*oiseau-trompette*. Cet oiseau habite l'Amérique méridionale, et se rapproche autant des gallinacés que des échassiers. Ses ailes sont peu développées, et ses doigts tellement conformés, qu'il peut courir avec une très grande agilité; aussi, lorsqu'il est effrayé, a-t-il plutôt recours à ses pattes qu'à ses ailes. Il ne vole que lorsqu'il veut se percher au sommet de quelque arbre peu élevé.

Les agamis vivent en troupes de trente à quarante

individus dans les forêts les plus sombres et les plus épaisses du nouveau monde. Malgré leur naturel farouche et sauvage, les agamis s'habituent facilement à la vie domestique ; ils s'attachent même à leur maître et lui rendent d'importants services, en surveillant les autres oiseaux de basse-cour et même, dit-on, les quadrupèdes domestiques. On prétend qu'ils conduisent les volailles et les moutons aux champs, les protègent contre leurs ennemis, et les ramènent tous les soirs au logis. Cet intrépide oiseau se fait distinguer par sa fidélité et son affection, qui l'ont fait comparer au chien avec beaucoup de justesse.

L'organisation intérieure de l'agami présente un fait particulier dans la disposition de la trachée-artère, qui se recourbe plusieurs fois avant de pénétrer dans la poitrine, et donne à cet oiseau la faculté de produire un son sourd et rauque qui semble provenir des cavités abdominales, et lui a valu son nom d'*oiseau-trompette*.

LES GRUES

Les grues sont connues depuis la plus haute antiquité par leur instinct voyageur. Nous avons eu déjà l'occasion de remarquer précédemment que la plupart des fonctions physiologiques influaient puissamment sur la nature et les ressources instinctives de chaque individu. Les animaux sont déterminés dans leur régime par leur organisation physique, et réciproquement. Ce principe peut nous expliquer en partie le phénomène constant des migrations périodiques des oiseaux de ce genre. Les grues habitent, pendant une grande partie de l'année, les contrées septentrionales, où elles se nourrissent de plantes, de graines, et surtout de reptiles et de petits animaux recouverts de téguments peu solides.

La grue.

Quand l'hiver glace les étangs et les rivières et suspend toute végétation, les grues sont obligées de quitter leur patrie pour aller, sous un ciel moins rigoureux, chercher les substances dont elles se nourrissent. Elles voyagent en troupes assez nombreuses, et dans leur vol élevé elles forment un angle dont le sommet semble être d'abord occupé par le chef de la bande. Comme cette position est très fatigante à cause des efforts continuels que nécessite l'action de fendre l'air, chaque individu occupe cette place à son tour. Dans leur vol elles font entendre un cri si perçant, qu'on l'entend souvent sans les apercevoir; ce cri paraît être une espèce de réclame pour s'appeler mutuellement, car on observe qu'il est répété avec une régularité parfaite. Il faut remarquer que ces oiseaux ne volent guère que pendant la nuit, parce que le jour ils s'abattent dans les plaines découvertes, où ils vivent de graines, d'herbes, d'insectes et de reptiles. En général, ils se rassemblent pour dormir, la tête sous l'aile; et l'on assure qu'alors l'un d'eux veille toujours, la tête haute, pour avertir ses compagnons par un cri d'alarme, si quelque danger les menace. Les grues remontent vers le nord au commencement des beaux jours, et y nichent dans les joncs, les bruyères, quelquefois sur les vieux murs et les tours démantelées. On rencontre assez souvent en France la *grue commune,* haute de 1 mètre 35 centimètres, cendrée, à gorge noire, à sommet de la tête nu et rouge, et à plumes noires et crépues, relevées sur les parties coccygiennes. L'*oiseau royal* ou *grue couronnée* est d'une taille svelte, aussi haut que le précédent, et remarquable par une touffe de plumes effilées qui couronnent agréablement le sommet de la tête. Ce bel oiseau, dont la voix ressemble au son éclatant d'une trompette, nous vient de la côte occidentale d'Afrique, où il est souvent élevé dans les cases, et s'y nourrit de grains. Dans l'état sauvage, il fréquente les lieux inondés, et y prend de petits poissons.

DES HÉRONS

Les hérons ont pour caractère spécial le bec fort et fendu jusque sous les yeux ; les jambes sont écus-

Le héron.

sonnées, les doigts assez longs, et l'ongle de celui du milieu tranchant et dentelé sur le bord interne. Ces oiseaux vivent sur le bord des rivières, des lacs

7 *

et des marais, et se nourrissent principalement de poissons, de grenouilles, de mollusques et d'insectes. Souvent on les voit immobiles sur le bord des eaux, le corps droit, le cou replié, et la tête

L'aigrette.

presque cachée entre les épaules, et leur aspect semble indiquer un mélange de tristesse et de stupidité. On connaît un grand nombre d'espèces appartenant à ce genre, qu'on ne peut distinguer que par quelques détails de plumage.

Le *héron commun* est un grand oiseau gris bleuâtre, avec le devant du cou blanc, parsemé de larmes noires, et l'occiput orné d'une huppe noire. Son corps est grêle, ses ailes très grandes et fort concaves, et son vol si puissant, que souvent la hauteur à laquelle il s'élève le rend invisible à nos yeux. Pendant le jour il se tient isolé et à découvert sur le bord des eaux dans l'attente de sa proie. La nuit il se retire dans les bois de haute futaie du voisinage, et en revient avant le jour. Il place, en général, son nid sur le sommet des arbres les plus élevés, et pond trois ou quatre œufs d'un beau vert de mer. On le trouve en Europe et dans plusieurs autres parties du monde; mais il n'est jamais commun dans les lieux habités. Dans certaines contrées il est stationnaire, tandis qu'il ne paraît dans d'autres qu'à l'époque de ses migrations. On connaît encore le *héron pourpré,* la *grande aigrette* et la *petite aigrette,* célèbres par les jolies plumes qu'elles fournissent pour orner avec tant de grâce la tête des dames et les chapeaux des guerriers.

On range dans ce genre le *butor d'Europe,* assez grand oiseau, fauve doré, tacheté et pointillé de noirâtre, qui se tient ordinairement dans les roseaux, d'où il fait entendre une voix terrible; dans l'état tranquille, sa position est très singulière : il tient son bec verticalement levé vers le ciel.

LES CIGOGNES

Parmi les oiseaux de rivage, l'espèce de la cigogne est la plus célèbre, quoique d'autres l'emportent de beaucoup sur elle par l'étendue des régions qu'elles occupent et par le nombre d'individus qui les composent. Le nom de la cigogne est consacré par des proverbes, des expressions populaires, des fables que tout le monde sait, et des comparaisons qui se reproduisent fréquemment.

La cigogne.

Quoique cet oiseau devienne rare dans certains pays, il est un de ceux dont on parle le plus souvent, et dont on parlera longtemps après son entière disparition, s'il doit cesser de fréquenter les lieux qu'il habite encore aujourd'hui. Comme c'est des eaux qu'il tire une grande partie de sa subsistance, il lui faut des parages maritimes ou des rivières, des étangs, des marais; une culture bien dirigée lui enlève une partie des ressources dont il ne peut se passer. Il n'y a point de cigognes en Angleterre; elles abondent en Hollande, et sont plus rares en France, surtout dans les départements dont le territoire est entièrement desséché; il paraît que le milieu de l'Europe leur convient mieux que la France, car on les y trouve en bien plus grand nombre. Ce sont des oiseaux de passage qui se rapprochent du nord lorsque la température de l'air y est un peu réchauffée, et qui retournent vers le midi longtemps avant que les froids puissent les atteindre.

Ce genre renferme deux espèces bien distinctes par une opposition de mœurs aussi remarquables que celle de leurs couleurs : la première est blanche, et la seconde noire; la blanche est beaucoup plus répandue, ne fuit pas l'homme, s'établit volontiers près des habitations, pose son nid sur les édifices, chasse aux limaces et aux reptiles dans les jardins, prend du poisson dans les rivières sous les yeux des pêcheurs; partout elle est bien reçue et protégée.

La cigogne noire est d'une humeur contraire; elle n'approche point de nos demeures, cherche des retraites solitaires, pénètre dans les forêts, se perche sur des arbres. Quoique, dans l'une et l'autre espèce, la forme, la grandeur et la nature des aliments soient absolument les mêmes, la première jouit des avantages de la sociabilité et d'une sorte de civilisation.

Les mœurs aimables de ces oiseaux, observées par les Orientaux, et les services qu'ils leur rendent en les débarrassant des animaux immondes et nuisibles qui pullulent dans les pays chauds, leur ont mérité une sorte de respect et de reconnaissance qui leur donne une sécurité à l'abri de tout péril.

Vers le temps du retour dans les pays chauds, les préparatifs du départ sont bruyants et en quelque sorte solennels; les bandes se forment et s'exercent, des évolutions s'exécutent, et enfin les troupes émigrantes s'élèvent si haut dans les airs, qu'on les perd de vue; dès que le signal du départ est donné, un grand silence règne partout.

Parmi les espèces étrangères, on remarque surtout les *cigognes à sac*, ainsi nommées à cause de l'appendice charnu qui est suspendu sur le milieu du cou; leur bec est encore plus gros que celui des autres cigognes. Ces oiseaux sont d'une laideur extrême, et semblent porter dans tout leur extérieur la marque d'une stupidité décidée. Ils nous fournissent cependant ces beaux panaches si légers qu'on appelle *marabouts*, formés de plumes déliées placées sous l'aile. On connaît deux espèces de ces cigognes; l'une vit dans l'Inde, et l'autre au Sénégal.

L'IBIS

Les ibis sont faciles à reconnaître, au premier coup d'œil, à leur tête dénuée de plumes, à leur bec long et un peu arqué, et aux légères palmures qui se trouvent entre les trois doigts antérieurs. Ils sont d'assez grande taille, et partagent le régime que la nature semble avoir donné à tous les échassiers : leur nourriture ordinaire consiste en vers, mollusques et autres animaux inférieurs se développant dans les endroits humides. L'antiquité a beaucoup jeté de traits fabuleux dans l'histoire qu'elle nous a laissée des mœurs et des habitudes de l'ibis. L'espèce la plus célèbre est l'*ibis sacré*,

L'ibis.

que les anciens Égyptiens honoraient d'un respect tout spécial. Ces peuples superstitieux lui avaient accordé les honneurs divins, et, après avoir brûlé de l'encens en son honneur dans les temples où on l'élevait, on lui rendait après sa mort les mêmes devoirs qu'aux autres animaux sacrés; on l'embaumait avec toutes sortes de précautions, et on le déposait dans les souterrains situés au-dessous des édifices religieux. C'est ainsi que nos collections en

La veuve à quatre brins.

possèdent qui ont été momifiés et conservés dans les nécropoles de la Thébaïde. C'est à l'aide de ces ibis antiques que M. Cuvier a pu déterminer positivement quelle était la véritable espèce qui jadis

reçut les honneurs divins. Cet oiseau est de la taille
d'une poule, à plumage blanc, excepté le bout des
pennes alaires, qui est noir. On trouve en Amérique l'*ibis rouge*, d'une belle couleur pourprée,
qu'on a confondu longtemps avec l'espèce d'Égypte.
En Europe nous possédons l'*ibis vert,* que les anciens appelaient *ibis noir.*

LA BÉCASSE

Les bécasses sont des oiseaux très répandus, et
que tout le monde connaît. Leur plumage est gris
rayé de brun, et leur tarse court, comparé aux
types principaux de l'ordre auquel elles appartiennent. Deux gros yeux très saillants et placés fortement en arrière lui donnent une physionomie singulièrement stupide, que du reste leurs habitudes
ordinaires sont loin de démentir. Ces oiseaux se
trouvent dans les bois ou dans les plaines marécageuses, où ils cherchent, pour en faire leur nourriture, les vers, les larves, les limaces, et d'autres
animaux à téguments mous. La plupart ont des goûts
voyageurs, émigrent presque sans cesse, tandis que
quelques autres espèces sont sédentaires. Pendant
les beaux jours, les bécasses remontent vers le
nord, ou se retirent dans les montagnes ; pendant
l'hiver, elles se dirigent vers les climats plus méridionaux, ou descendent dans les plaines et les prairies. On leur fait partout une chasse très active,
parce que leur chair forme un mets très recherché. Nous avons en France quatre espèces de ce
genre : la *bécasse commune,* la *double bécassine,*
presque de la taille de la bécasse ; la *bécasse ordi-*

naire, de la grandeur d'un merle, et la *sourde* ou *petite bécassine,* qui est encore moins grande.

LES TOURNE-PIERRES

Aux mœurs ordinaires que nous avons déjà observées chez presque tous les échassiers, ceux-ci joignent la singulière habitude de tourner toutes les pierres qui se rencontrent sur leur chemin, pour y trouver des larves ou les insectes parfaits qui ont coutume d'y chercher un refuge. Ces oiseaux fréquentent les bords des eaux et les prairies souvent inondées. On n'en connaît qu'une seule espèce, plus commune dans les régions voisines du pôle septentrional, mais qui vient assez souvent sur nos côtes.

LES POULES D'EAU

Les poules d'eau ont les doigts fort longs et garnis d'une bordure très petite. On les voit souvent à terre; mais elles vivent en général sur les eaux dormantes. Elles nagent et plongent très bien; pendant le jour elles restent cachées au milieu des roseaux, et ne se hasardent à la chasse que le soir et la nuit; leur vol n'est ni élevé, ni rapide, ni soutenu; enfin leur nid est composé de joncs grossièrement entrelacés, et lorsque la mère est obligée de quitter ses œufs pour chercher sa nourriture, elle les couvre avec des brins d'herbe; les petits courent dès qu'ils sont éclos. Notre *poule d'eau commune* est répandue dans presque toute l'Europe, et ne paraît pas différer spécifiquement de celle qu'on trouve en Afrique, en Amérique, etc.; elle est d'un brun foncé dessus, gris d'ardoise dessous, avec du blanc aux cuisses, au ventre et au bord de l'aile. En automne elle quitte les pays montueux et froids pour descendre dans les plaines basses.

LES FLAMANTS

On voit quelquefois, mais non tous les ans, arriver sur les côtes de nos provinces méridionales un oiseau, le plus grand de tous ceux qui visitent la France, et le plus remarquable peut-être de tous ceux qui y viennent de leur plein gré, par la bizarrerie de ses formes et par l'éclat de son plumage. Le bec de cet oiseau est singulièrement conformé en soc de charrue, et lui sert à labourer le limon des plages en cherchant les insectes et les mollusques dont il se nourrit.

Les flamants sont, par leur organisation, séparés de la manière la plus tranchée des oiseaux auprès desquels ils ont été placés dans les classifications ornithologiques. En raison de la nudité de leurs jambes et de la longueur de leurs tarses, on les a fait entrer dans l'ordre des échassiers; mais la disposition de leur bec, présentant quelques rapports d'analogie avec celui des canards, et surtout les larges membranes qui réunissent les doigts entre eux, pourraient, avec peut-être plus de raison, les faire ranger parmi les palmipèdes, que nous allons étudier bientôt. En conservant la distribution zootechnique de la plupart des ornithologistes, nous voyons dans ce genre une transition parfaite entre cet ordre et le suivant.

Les flamants vivent de coquillages, du frai des

poissons et d'insectes. Pour se saisir de leur nourriture, ils appuient la partie plate de la mandibule supérieure sur la terre et remuent en même temps leurs pieds, afin de porter dans leur bec, avec le

Le flamant.

limon, la proie que la dentelure de ce bec sert à y retenir. Ils vivent en troupes nombreuses, et ont l'habitude d'établir des sentinelles pour la sûreté commune; soit qu'ils se reposent ou qu'ils pêchent, l'un d'eux est toujours en vedette, la tête haute; si quelque danger menace la sûreté commune, il pousse le cri d'alarme, qui s'entend de très loin, et qui fait fuir toute la troupe.

Les anciens avaient nommé cet oiseau le *phénicoptère*, à cause de la belle couleur de pourpre qui revêt toutes ses plumes, et ils avaient placé sa langue au nombre des mets les plus délicats. Les historiens rapportent que l'empereur Héliogabale entretenait constamment des troupes chargées de lui procurer en abondance des langues de flamants. La chair de l'oiseau conserve un goût de marécage assez désagréable, et n'a jamais été recherchée pour la table.

L'espèce commune, le *flamant rose*, est haut de un mètre à un mètre trente-cinq centimètres. Dans le moyen âge, le plumage est cendré; il prend du rose aux ailes à la seconde année; enfin à trois ans une belle couleur de pourpre teint toute la région dorsale, tandis que les ailes demeurent roses. Les pennes des ailes sont noires, le bec jaune et noir au bout, les pieds bruns. On connaît quelques autres espèces, telles que le *phénicoptère à manteau de feu*, le *petit phénicoptère*, qui n'ont rien de particulier dans leurs habitudes.

SIXIÈME ORDRE DES OISEAUX

LES PALMIPÈDES

Les palmipèdes forment un des ordres les mieux circonscrits et les plus nettement caractérisés de l'ornithologie. Nous n'aurons point à voir dans cette classe des espèces très éloignées par la nature de leur organisation mal à propos rapprochées par les théories des classificateurs. Tous ces oiseaux ont pour caractère général d'avoir les doigts réunis par de larges membranes, les pieds placés à la partie postérieure du corps. Ces circonstances favorisent extrêmement la natation, et font de ces oiseaux de parfaits nageurs, et l'on pourrait dire avec plus de raison encore, de parfaits navigateurs. Leur corps en général conformé inférieurement comme la carène d'un navire, leurs pattes aplaties comme des rames, leur cou avancé, qui fend les flots comme la proue d'un vaisseau : tout indique le but et les intentions du Créateur. En outre, les palmipèdes ont un plumage ferme, serré, lustré, imbibé d'un suc huileux qui le rend imperméable à l'eau, et qui protège puissamment le corps contre les variations de l'atmosphère et la température souvent très basse des eaux.

On peut regarder l'eau comme l'élément des palmipèdes : c'est dans son sein, en effet, qu'ils cherchent leur nourriture, et à sa surface qu'ils passent la plus grande partie de leur vie. Ils ne s'en écartent un peu que pour faire leur ponte, et encore ont-ils la précaution de ne pas trop s'éloigner de leur séjour favori. Leur nid est placé dans les joncs des grandes herbes qui croissent sur les plages humides, les fentes des rochers qui avoisinent le rivage, et ils ont soin d'en garnir attentivement l'intérieur d'un duvet moelleux que leur courageux instinct d'amour leur fait arracher de dessous leur corps. C'est dans ces nids que l'on recueille en abondance le précieux *édredon* que l'eider prodigue dans le berceau de sa jeune postérité.

On remarque que généralement les palmipèdes

ont un long cou qui se balance avec grâce au-dessus des flots, qu'ils traversent en se jouant. On y compte un très grand nombre de vertèbres cervicales, tellement articulées les unes avec les autres, que les deux mouvements de flexion et d'extension ne sont nullement gênés. Cette partie a pris chez ces oiseaux un développement assez considérable pour que l'animal pût atteindre, dans la profondeur des eaux, les larves d'insectes aquatiques qui s'y développent et les autres aliments dont il se nourrit.

On divise cet ordre en quatre grandes familles : les *brachyptères*, les *longipennes*, les *totipalmes* et les *lamellirostres*.

Iᵣₑ FAMILLE DES PALMIPÈDES

LES BRACHYPTÈRES

Les oiseaux de cette famille sont encore plus nécessairement aquatiques que tous les autres, les modifications profondes de leur organisation leur rendant le séjour des eaux tout à fait indispensable. La disposition de leurs pattes, si favorable pour la natation, les empêche de pouvoir marcher facilement à terre, et ces pattes sont implantées tellement à la partie postérieure du corps, que, quand ils veulent en faire usage, ils sont obligés de prendre la station verticale. D'ailleurs le séjour habituel qu'ils font sur les eaux rend leurs palmures si impressionnables, qu'ils trébuchent aux moindres inégalités du sol, et qu'un vent un peu violent les culbute à chaque pas. Mais quand ils sont sur leur élément, leurs mouvements ont une aisance et une facilité qu'on ne trouve même pas dans le cygne, le pélican, etc.

Ils nagent à la surface et plongent avec une agilité si extraordinaire, qu'on prétend qu'ils échappent au plomb mis en mouvement par la poudre, en plongeant aussitôt qu'ils ont aperçu la lumière du fusil.

Ces oiseaux ont été ainsi nommés à cause de l'excessive brièveté de leurs ailes, qui ne leur permet pas de se soutenir longtemps dans l'air, et même qui les empêche quelquefois de pouvoir se soulever.

LES GRÈBES

Les grèbes semblent se rapprocher des poules d'eau par la disposition des palmures festonnées des doigts. Ces oiseaux passent leur vie sur les lacs et les étangs, et on les voit rarement sur les bords de la mer ; ils préfèrent la tranquillité des eaux douces à la perpétuelle mobilité de l'onde amère ; on ne les y observe que momentanément dans leurs migrations. Pendant leurs voyages, ils nagent continuellement sur toutes les eaux qui coulent dans la direction qu'ils ont choisie, leurs ailes ne leur servent qu'à faciliter et à accélérer leur natation. Leur plumage est tellement serré et lustré, qu'il a presque l'éclat de l'argent, surtout à la gorge ; et comme tout leur corps est immédiatement recouvert d'un duvet très épais, il est très peu sensible aux différentes variations de la température extérieure. On leur fait une chasse active, non point à cause de leur chair, qui conserve toujours un goût huileux et désagréable, mais à cause de leurs plumes argentées, qui servent à faire de légères fourrures, comme des palatines.

Les grèbes sont beaucoup plus communs dans les

contrées tempérées que dans les climats méridionaux et septentrionaux; ils vivent d'insectes, de mollusques, de plantes aquatiques. Ils construisent leur nid au milieu des joncs, ont soin de l'attacher solidement, et le laissent flotter sur les eaux.

Nous possédons en France quatre espèces de ce genre : le *grèbe huppé*, le *grèbe cornu*, le *jougris* et le *castagneux*.

LES PLONGEONS

Les plongeons suivent très bien les précédents dans une transition naturelle : comme les grèbes, leur plumage est serré et lustré, leurs pattes sont fortement reculées en arrière; mais la palmure des doigts, non interrompue et bien entière, suffit pour les trancher nettement. La disposition de ces organes, tout en facilitant la natation, favorise surtout l'action de plonger, et leur a fait donner le nom qu'ils portent en français. Ils ne quittent jamais l'eau, et se dérobent à nos regards en s'y plongeant tout entiers; de temps en temps ils montrent seulement la tête au-dessus des flots pour satisfaire au besoin de la respiration. Ils ont soin de placer leur nid dans les fentes des rochers les plus inaccessibles et le plus près possible des eaux, pour s'y réfugier en cas de surprise. Ces oiseaux sont très maladroits à marcher sur la terre; ils se soutiennent avec leurs ailes, ce qui ne les empêche pas de tomber souvent à plat ventre, surtout quand on les poursuit.

Les plongeons se nourrissent de poissons, de mollusques, de reptiles, de petits crustacés et de larves

aquatiques. Ils sont plus nombreux dans le Nord
que dans les autres contrées, où ils ne paraissent
qu'à l'époque de leurs migrations annuelles.

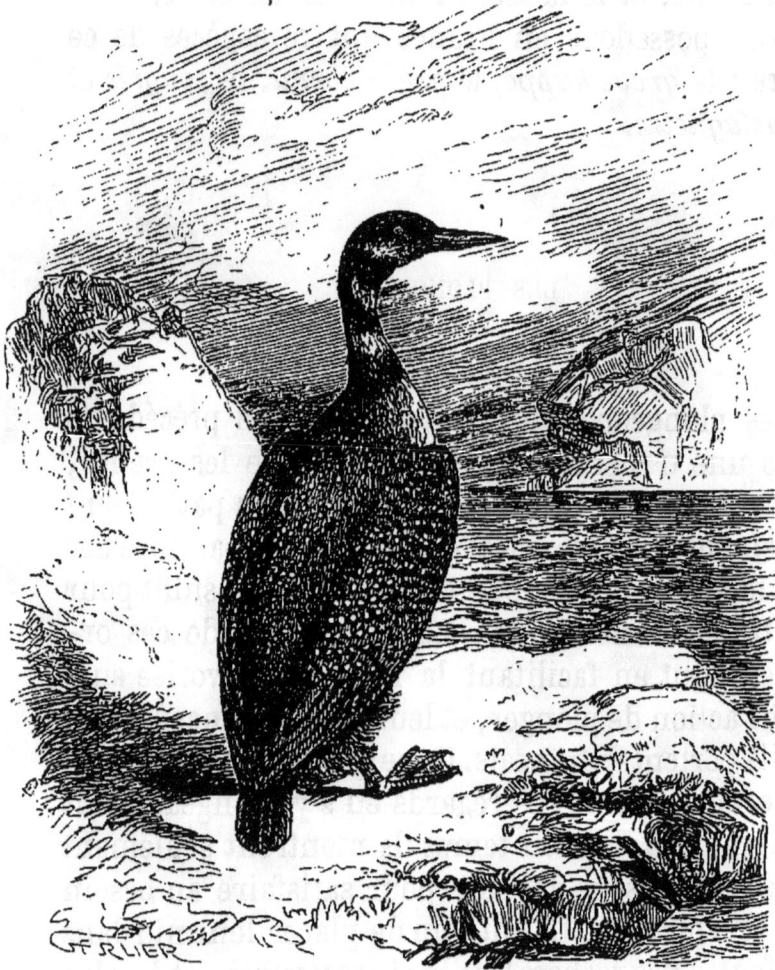

Le plongeon.

On connaît trois espèces de ce genre : le *grand
plongeon*, le *lumme* ou *moyen plongeon*, et le *cat-
marin* ou *petit plongeon*.

LES PINGOUINS

Avec les dispositions organiques des premiers palmipèdes, les pingouins ont un bec modifié d'une manière extraordinaire et le plus singulier que l'on connaisse : il est excessivement déprimé latéralement, et devient tranchant sur le dos presque comme une lame de couteau. Du reste, les pingouins sont de beaux oiseaux aquatiques, à natation puissante, à mœurs libres et sauvages : ils ne paraissent que rarement à terre, comme les précédents, et font leur nourriture de tous les animaux inférieurs qui se développent au sein des eaux.

LES MANCHOTS

Ce sont de tous les palmipèdes les plus curieux par les modifications que leurs habitudes aquatiques ont fait éprouver aux organes de locomotion aérienne. Ce sont encore les oiseaux les plus nécessairement aquatiques; leurs pieds largement palmés et leur plumage extrêmement abondant favorisent parfaitement leurs goûts; mais leurs ailes, modifiées profondément en espèces de nageoires ou de rames puissantes, les aident singulièrement à fendre la surface des eaux dans toutes les directions. Au lieu de plumes normalement développées, on ne voit sur les ailes que des espèces d'écailles destinées à préserver la peau de l'effet du contact perpétuel de l'eau. Rien de plus singulier que l'aspect et la physionomie de ces grands oiseaux du Nord. Ils ne peuvent marcher sur la terre que dans une position entièrement verticale, et ils le font de la manière la plus gauche qu'on puisse imaginer. Du reste, ces manières ne démentent pas leurs qualités instinc-

Le manchot.

tives : ce sont des oiseaux stupides qu'on rencontre par bandes immenses dans les îles désertes des mers arctiques, au moment de la ponte. A cette époque ils abandonnent la mer par troupes innombrables, et se mettent à circonscrire un grand espace carré qu'on appelle *camp*. Ils choisissent une position avantageuse et un terrain bien nivelé pour qu'ils puissent y marcher facilement et sans douleur. La quantité de manchots qui viennent ainsi déposer leurs œufs dans ce vaste carré est tellement considérable, au rapport des voyageurs et des matelots, qu'on a pu charger plusieurs chaloupes de ces œufs.

Les principales espèces de ce genre sont : le *grand manchot*, le *gorfou sauteur* et le *sphénisque du Cap*.

Le savacou.

IIᵉ FAMILLE DES PALMIPÈDES

LES LONGIPENNES

Quoique les longipennes nous offrent une organisation du membre antérieur bien développée, ils sont néanmoins attachés aux eaux, de même que les brachyptères. Mais au lieu de fendre toujours les flots et de consumer avec monotonie leur existence sur la surface de la mer, ils aiment à parcourir l'immense étendue de l'Océan et à se transporter constamment à des distances considérables des plages habitées. Le grand développement des pennes alaires et la belle disposition des rectrices leur rendent le vol très facile, et leur ont fait donner par les marins le nom de *grands voiliers*. Bien différents des brachyptères, qui ne peuvent résister aux mouvements des flots, les longipennes semblent braver l'inconstance et la fureur de cet élément terrible qui fait pâlir l'homme le plus intrépide. C'est pour cela que les navigateurs leur ont encore donné le nom d'*oiseaux de tempête*.

Les deux genres les plus remarquables sont les *pétrels* et les *mouettes*.

LES PÉTRELS

Les pétrels se distinguent des autres palmipèdes par leur bec crochu, leurs narines réunies en un tube couché sur le dos de la mandibule supérieure, et par leur pied, qui n'a point de pouce, mais simplement un ongle implanté dans le talon. Les pétrels sont de tous les oiseaux ceux qui se rencontrent le plus loin des terres dans toutes les parties du vaste Océan. Partout où l'homme a pu pénétrer, sous toutes les latitudes, dans les mers les plus pacifiques comme dans les mers les plus orageuses et les plus terribles, partout il a rencontré des pétrels, qui semblaient se jouer des périls de la tempête. Quand ils sont fatigués d'une action trop longtemps prolongée, ils descendent à la surface de la mer, sur laquelle ils semblent marcher et courir à l'aide de leurs pieds largement palmés. Ils nichent dans les fentes des rochers les plus inaccessibles, sur les écueils les plus inabordables, et il est d'autant plus dangereux de venir les inquiéter dans leurs retraites, qu'au moment où l'on parvient à la hauteur de leur refuge, ils lancent aux yeux de l'observateur imprudent un liquide huileux qu'ils ont toujours en réserve, et qui, l'aveuglant momentanément, peut le faire tomber sur la pointe des rochers qui hérissent ces endroits de toutes parts. Ces oiseaux sont peu féconds; ils ne pondent, dit-on, jamais qu'un œuf. Cette observation ne peut s'appliquer qu'aux espèces qu'on a pu considérer et étudier plus facilement.

Les espèces les plus remarquables sont : le *pétrel géant* ou *briseur d'os*, le *pétrel du Cap* ou *damier;* nous voyons quelquefois sur nos côtes le *pétrel gris-blanc* ou *falmar*, appelé encore quelquefois *pétrel de Saint-Kilda*, qui va nicher sur les côtes escarpées des îles Britanniques et de tout le Nord.

LES MOUETTES OU GOÉLANDS

Les mouettes ont le bec allongé, pointu, et simplement arqué vers le bout; leurs doigts sont

entièrement palmés, le pouce est libre et régulièrement développé. Ces oiseaux sont voraces et criards;
on peut les regarder comme les vautours de la mer;
ils la nettoient des cadavres de toute espèce qui
flottent à sa surface ou qui sont rejetés sur ses rivages. Aussi lâches que gourmands, ils n'attaquent
que les animaux faibles et ne s'acharnent que sur
les cadavres. Leur naturel sanguinaire et leur glou-
tonnerie insatiable, secondés par la force de leur
bec, trouvent un sujet de dispute dans la moindre
proie que le hasard leur présente. On les voit se
battre avec acharnement entre eux pour la curée;
et même, lorsqu'ils sont renfermés et que la captivité aigrit leur caractère féroce, ils se blessent sans
motif apparent, et le premier dont le sang coule
devient la victime des autres. Cet excès de cruauté
ne convient guère qu'aux grandes espèces; mais
toutes, grandes et petites, étant en liberté, s'épient,
se guettent sans cesse pour se piller et se dérober
réciproquement leur nourriture. Le poisson frais
ou gâté, la chair sanglante, récente ou corrompue,
les écailles, les os même, tout se digère et se consume dans leur estomac toujours avide; ils avalent
l'amorce et l'hameçon, et se précipitent avec tant
de violence, qu'ils s'enferrent eux-mêmes sur une
pointe que le pêcheur place sous le hareng ou la
pélamide qu'il leur offre en appât.

Les mouettes se réunissent ordinairement en
grandes troupes sur les bords de la mer; là elles
attendent que le flot rejette sur le rivage les cadavres
qui font leur nourriture. Quelquefois cependant elles
s'éloignent des côtes, et, à l'aide de leurs ailes longues et puissantes, elles s'écartent jusqu'à quatre
cents kilomètres en pleine mer. D'autres fois aussi
elles suivent en pêchant le courant des fleuves. On

en rencontre ainsi quelquefois en Touraine qui remontent la Loire, et qui s'écartent même du fleuve en suivant les sinuosités de ses affluents nombreux.

On a donné le nom de *goélands* aux espèces les plus grandes, comme le *goéland-bourgmestre*, le *goéland à manteau noir*, et l'on a réservé celui de *mouettes* ou de *mauves* aux espèces plus petites, comme la *mouette blanche*, la *mouette à pieds bleus*, la *mouette à capuchon noir*. Toutes ces espèces sont nombreuses sur nos côtes. J'ai eu occasion d'en observer des légions innombrables sur les rochers à fleur d'eau qui bordent l'Océan.

IIIe FAMILLE DES PALMIPÈDES

LES TOTIPALMES

Les oiseaux qui composent cette famille sont les palmipèdes par excellence; car ceux que nous avons examinés jusqu'à présent ont le pouce libre, tandis que chez ceux-ci la membrane qui s'étend entre tous les doigts par un développement particulier embrasse encore le pouce. Leur patte forme par conséquent une rame plus parfaite et plus étendue; mais, par une habitude singulière, avec une semblable organisation, ils sont les seuls qui perchent sur les arbres. Tous, d'ailleurs, ont les ailes bien développées, l'énergie musculaire considérable, et sont bons voiliers. Les genres principaux sont les *pélicans*, les *cormorans* et les *frégates*.

LES PÉLICANS

Les pélicans sont très connus de tout le monde, à cause de la fable qui en fait l'emblème de l'amour maternel et du sacrifice entier de soi. On croyait anciennement que le pélican se perçait la poitrine pour nourrir ses petits de son sang et leur donner ainsi une seconde fois la vie. Mais ces récits fabuleux ont disparu, comme bien d'autres, devant l'observation exacte de la nature. Les naturalistes modernes, en tombant dans une erreur opposée, ont avancé que le pélican ne manifeste pour ses petits qu'une tendresse douteuse, et que même quelquefois il les abandonne au ravisseur sans chercher à les défendre.

Il est facile de connaître les pélicans aux caractères suivants. On trouve à la base du bec un espace dénué de plumes; leurs narines sont des fentes dont l'ouverture est à peine sensible. La peau de leur gorge est plus ou moins extensible, et leur langue fort petite. Leur bec est remarquable par sa grande longueur, sa forme droite, son aplatissement longitudinal et le crochet qui le termine; enfin la mandibule inférieure est composée de deux branches flexibles qui soutiennent une membrane nue et dilatable ou un sac assez volumineux.

Le *pélican ordinaire,* auquel on a donné encore le nom d'*onocrotale,* à cause de son cri rauque, qu'on a comparé au braiement de l'âne, est un grand oiseau de 1 mètre 60 centimètres à 2 mètres de long, et ses ailes déployées présentent une envergure de quatre mètres. Dans le jeune âge il est plus ou moins blanc, et prend plus tard du noir aux rémiges et du rouge au bec. Il vole fort bien et s'élève quelquefois très haut; mais en général il se balance seulement au-dessus des eaux, attendant sa proie pour se précipiter dessus avec la rapidité d'une flèche. On assure que les pélicans se réunissent quelquefois en troupes pour pêcher de concert. Souvent ils conservent le produit de leur travail dans la poche membraneuse située au-dessous du bec, et vont ensuite le partager avec leurs petits, ou le digérer plus à l'aise sur quelque pointe de rocher ou dans quelque réduit solitaire. Quand la pêche est facile et abondante, ces oiseaux sont tellement voraces, qu'ils se gorgent entièrement de nourriture et tombent dans une espèce de torpeur et de léthargie dont ils ne sortent que quand le travail digestif est terminé.

Il paraît que, malgré ses mauvaises habitudes, le pélican peut sentir la puissante action de l'homme et s'apprivoiser. On dit même qu'on peut en tirer parti pour la pêche, en lui attachant un anneau autour du cou pour l'empêcher d'avaler le poisson, qu'il rapporte à son maître dans le sac qu'il a sous le bec. Les Chinois, dit-on, s'en servent souvent pour cet usage.

Le pélican ordinaire est commun dans les parties orientales de l'Europe, mais abonde surtout en Afrique. Il se trouve aussi en Asie et en Amérique.

LES CORMORANS

Le plus ancien des naturalistes, Aristote, dans son histoire des animaux, donne à cet oiseau le nom de *corbeau aquatique* (*hydrocorax*), qui lui a été conservé par Pline le Naturaliste. Il semblerait que la même idée aurait donné naissance au nom de *cormoran*, formé par corruption de *corbeau marin*. Du reste, cette dénomination des anciens et l'appellation vulgaire ne manquent nullement de justesse ; car le cormoran a tout le corps d'une couleur très sombre, et qui se rapproche beaucoup de celle du corbeau. Les cormorans sont bons nageurs, et poursuivent leur proie au sein des eaux avec une agilité et une vélocité incroyables. Cependant l'eau n'est pas tellement leur élément, qu'ils ne prennent souvent leur essor dans les airs. La disposition favorable de leurs ailes et la force musculaire de l'appareil pectoral les rendent assez bons voiliers, et leur donnent la faculté de parcourir des espaces assez étendus. Ces oiseaux ont des rapports fort marqués, dans leurs habitudes et leur régime, avec ceux que nous venons d'examiner. Quand ils se sont repus abondamment, ils se tiennent immobiles, et comme dans une somnolence stupide, jusqu'à ce que le travail de la digestion soit entièrement achevé. C'est quand les cormorans sont plongés dans cet état d'inertie, qui paralyse entièrement toutes leurs facultés, qu'ils sont quelquefois saisis par leurs ennemis sans pouvoir opposer la moindre résistance.

Les deux espèces les plus connues sont le *cormoran ordinaire*, de la taille d'une oie, et le *nigaud* ou le *petit cormoran*, d'une taille un peu moindre. Cette seconde espèce est plus rare que la première.

LES FRÉGATES

Parmi tous les oiseaux que nous avons déjà examinés, les frégates sont ceux qui ont reçu dans leur plus grand développement les organes de la locomotion aérienne, et les muscles moteurs les plus puissants pour exercer leur action : aussi les frégates ne sont-elles point attachées péniblement aux sables du rivage ni aux rochers des côtes qui les ont vues naître ; elles ont devant elles l'espace immense des airs et des mers. On les rencontre à des distances extrêmes des plages et des îles habitées. La longueur excessive des pennes alaires et des pennes caudales leur rend le vol très facile, et on dirait que cet acte, qui demande des efforts, par conséquent des fatigues, est leur état de prédilection et presque de repos. En effet, quand on les voit sur des mers inconnues se balancer gracieusement ou se précipiter avec la rapidité de l'éclair sur leur proie, on ne saurait s'empêcher de convenir que leur organisation semble tout à fait aérienne. C'est à cause de la facilité et de la vélocité de leur vol que les marins leur ont donné le nom de *frégates*. Ces oiseaux sont les ennemis déclarés des *poissons-volants*, et en détruisent un grand nombre en saisissant avec une dextérité merveilleuse ceux qui sortent de l'eau et qui se soutiennent en l'air à l'aide de leurs larges nageoires. On ne connaît bien qu'une seule espèce de ce genre : la *frégate commune*, à plumage noir, plus ou moins varié de blanc sous la gorge.

IVe FAMILLE DES PALMIPÈDES

LES LAMELLIROSTRES

Les oiseaux qui composent cette famille sont ainsi nommés parce que les deux mandibules de leur bec sont aplaties, dans toute leur étendue, comme deux lames, et sont dentelées latéralement sur leurs bords; leurs ailes sont peu développées. Ces oiseaux sont bons nageurs, mais en général ne s'écartent pas à de très grandes distances des côtes et des rivages. Ils aiment de préférence les eaux marécageuses et d'une profondeur peu considérable, où leur bec puisse atteindre, dans la vase et le limon, les insectes et leurs larves qui s'y développent. Leur régime n'est pas exclusivement insectivore, ils y joignent les graines et les herbes tendres.

Les genres que cette famille nous présente à étudier sont : les *cygnes*, les *oies*, les *canards*, l'*eider* et les *sarcelles*.

LES CYGNES

Le cygne est sans contredit le plus beau des oiseaux aquatiques; il nage avec une noblesse, une aisance et une grâce qui font plaisir à voir. Quand il a atteint un an, son plumage devient d'une blancheur si éclatante, qu'elle est devenue un terme de comparaison.

Le cygne, qui peut, avec autant de justice que bien d'autres, se nommer le roi des oiseaux, fier de sa noblesse et de la force qu'il sait déployer, ne redoute aucun oiseau de proie; il les attend sans les provoquer, sans les craindre; il repousse leurs assauts en opposant la résistance de ses plumes, qui sont très fournies, et les coups précipités d'une aile vigoureuse qui leur sert, pour ainsi dire, de bouclier. Un vieux cygne domestique ne craint pas dans l'eau l'attaque du chien le plus déterminé. Son coup d'aile pourrait casser la jambe d'un homme, tant il est prompt et violent.

Cet oiseau, naturellement doux et pacifique, devient quelquefois féroce envers ses semblables.

Le cygne.

Deux cygnes se battent avec acharnement; souvent un jour entier ne suffit pas pour terminer leur lutte. Le combat commence à grands coups d'ailes, continue corps à corps, et souvent ne se termine que par la mort de l'un des deux.

Ces oiseaux, d'une propreté exquise, font leur toilette tous les jours. On les voit arranger leur plumage, le lustrer, et prendre de l'eau avec leur bec pour se la répandre sur le dos, sur les ailes, avec un soin qui suppose le désir de plaire : aussi plaisent-ils à tous les yeux; on les aime, on les applaudit, on les admire.

Nous en avons en Europe deux espèces : le *cygne à bec rouge* et le *cygne à bec noir*. Le premier, à l'état sauvage, habite les grandes mers de l'intérieur, surtout vers les contrées orientales de l'Europe. Le *cygne à bec noir* ressemble beaucoup au précédent, et se trouve dans les régions septentrionales des deux continents, d'où il émigre pendant les hivers trop rigoureux.

LES OIES

Ces oiseaux ont le bec aussi long que la tête; les bouts des lamelles en garnissent les bords et y paraissent comme des dents pointues. Chez les Romains ils étaient mis au nombre des oiseaux sacrés, en reconnaissance des services qu'ils avaient rendus à la république en éveillant Manlius quand les Gaulois assiégeaient les Romains réfugiés dans le Capitole. Les autres peuples ne leur ont pas tant prodigué d'honneur, ils en ont fait l'emblème de la stupidité, et s'ils les ont élevés en domesticité, ç'a été pour se nourrir de leur chair, qui est un assez bon manger, et user de leur dépouille duvetée. On en élève un grand nombre dans nos provinces méridionales, et dans toutes les grandes villes de France il s'en fait une grande consommation.

L'oie sauvage est maigre, de taille légère, et passe dans nos contrées dès la fin d'octobre ou les premiers jours de novembre. Son vol est très élevé, sans bruit ni sifflement; pour fendre l'air avec plus d'a-

L'oie.

vantage et moins de fatigue, la troupe entière se range sur deux lignes obliques qui se réunissent et forment un angle aigu. Le conducteur se place au sommet, et se fait remplacer dans son poste fatigant quand ses efforts l'ont épuisé. On estime leur chair meilleure que celle de l'oie domestique.

LES CANARDS

Les canards sauvages, dont l'espèce est très nombreuse, nous fuient constamment, se tiennent sur les eaux, ne font, pour ainsi dire, que passer et repasser en hiver dans nos contrées et s'enfoncent au printemps dans les régions du Nord, sur les terres les plus éloignées de la présence de l'homme. Ils ont les plumes plus lisses et plus serrées que le canard domestique, le cou plus menu, la tête plus fine, les couleurs plus vives, la forme plus élégante, plus légère, et dans tous leurs mouvements on reconnaît la force, l'aisance, la grâce et l'air de vie que donne le sentiment de la liberté.

Les migrations de ces oiseaux paraissent réglées; ils se montrent en France vers la moitié du mois d'octobre; cette première bande paraît être l'avant-garde, car en novembre on en voit arriver des quantités prodigieuses.

En arrivant dans quelque contrée, ces canards volent continuellement, et se portent d'un étang à un autre; jamais ils ne se reposent sans avoir fait plusieurs circonvolutions sur le lieu où ils voudraient s'abattre, comme pour l'examiner, le reconnaître, et s'assurer s'il ne recèle aucun ennemi. Lorsque enfin ils s'abaissent, c'est toujours avec précaution; ils fléchissent leur vol et se lancent obliquement sur la surface de l'eau, qu'ils effleurent et sillonnent; ensuite ils nagent au large et se tiennent toujours éloignés des rivages.

Leur nourriture ordinaire consiste en insectes aquatiques, en petits poissons, grenouilles, graines et plantes marécageuses. Ces oiseaux sont gourmands et insatiables ; ils mangent de tout, et leur corps

Le canard.

peut se charger d'une grande quantité de graisse. Les canards sont très faciles à élever, coûtent peu à nourrir, et fournissent une chair bonne à manger, quoique un peu lourde et de difficile digestion.

L'EIDER

L'eider habite les mers glaciales du pôle et abonde surtout en Islande, au Groënland, au Spitzberg; on le trouve encore assez communément en Suède. Il est de la taille de l'oie domestique, et est devenu célèbre par le duvet précieux qu'il fournit et qu'on nomme *édredon*. Les eiders nichent au milieu des rochers baignés par la mer. Dans les mers du Nord, c'est une propriété qui se garde soigneusement et se transmet par héritage, que celle d'un point de la côte où ces oiseaux viennent d'habitude s'établir à l'époque de la ponte; car c'est là qu'on récolte l'é-dredon.

La femelle, en effet, en garnit son nid, et après qu'on lui a enlevé cette précieuse dépouille, si utile pour maintenir une douce chaleur autour de ses œufs, elle arrache de sa poitrine une nouvelle pro-vision de duvet. En dépouillant ses nids on s'en procure ainsi une quantité assez considérable, et l'édredon provenant de l'oiseau vivant est beaucoup plus estimé que celui arraché après sa mort.

LA SARCELLE

La sarcelle se rapproche beaucoup du canard, non seulement par les traits de la physionomie générale, mais encore par de nombreux rapports d'organisa-tion et d'habitudes. En effet, on la rencontre ordi-nairement sur les eaux dormantes, plongeant sans cesse son large bec dans la vase pour y surprendre les vers et les insectes qui y font leur séjour. C'est un oiseau timide qu'on ne peut approcher qu'avec peine. Le moindre bruit l'alarme et lui fait prendre la fuite. Ses mouvements sur l'eau ne sont pas dépourvus de grâce, et son activité très grande donne

La sarcelle.

à toutes ses actions un air distingué, comme en donne toujours la nature à toutes les espèces qui jouissent de l'indépendance et qui n'ont point ressenti les effets de la domination de l'homme.

HISTOIRE NATURELLE

DES REPTILES

ERPÉTOLOGIE

Généralités sur les animaux de la classe des reptiles [1].
— Organes des sens. — Changement de peau en *mue*.

Avant de nous occuper en détail des faits parti-
culiers aux diverses espèces de reptiles, considérons-
les sous les points de vue généraux. Représentons-
nous ces climats favorisés du soleil où les plus
grands de ces animaux sont animés par toute la chaleur de l'atmosphère qui leur est nécessaire. Jetons
les yeux sur l'antique Égypte, périodiquement ar-
rosée par les eaux d'un fleuve immense, dont les
rivages, couverts au loin d'un limon humide, pré-

[1] Ann. et extr. de l'Hist. nat. des quadrup. ovip. du
comte de Lacépède.

sentent un séjour si analogue aux habitudes et à la nature des quadrupèdes ovipares : ses arbres, ses forêts, ses monuments, tout, jusqu'à ses orgueilleuses pyramides, nous en montrera quelques espèces. Parcourons les côtes brûlantes de l'Afrique, les bords ardents du Sénégal, de la Gambie, les rivages noyés du nouveau monde, ces solitudes profondes où les reptiles jouissent de la chaleur, de l'humidité et de la paix; voyons ces belles contrées de l'Orient que la nature paraît avoir enrichies de toutes ses productions; n'oublions aucune de ces îles baignées par les eaux chaudes des mers voisines de la zone torride; appelons par la pensée tous les reptiles qui en peuplent les diverses plages, et réunissons-les autour de nous pour mieux les connaître en les comparant.

Observons d'abord les diverses espèces de tortues, comme plus semblables aux vivipares par leur organisation interne; considérons celles qui habitent les bords des mers, celles qui préfèrent les eaux douces, et celles qui demeurent au milieu des bois sur des terres élevées; voyons ensuite les énormes crocodiles qui peuplent les eaux des grands fleuves et qui paraissent comme des géants démesurés à la tête des diverses légions de lézards; jetons les yeux sur différentes espèces de ces animaux, qui unissent tant de nuances dans leurs couleurs à tant de diversité dans leurs organes, et qui présentent tous les degrés de la grandeur depuis une longueur de quelques centimètres jusqu'à celle de huit à dix mètres; portons enfin nos regards sur des espèces plus petites : considérons les reptiles que la nature semble avoir confinés dans la fange des marais, afin d'imprimer partout l'image du mouvement et de la vie.

Malgré leur diversité, tous ces reptiles se ressemblent entre eux par quelques points de leur conformation particulière, par quelques-uns de leurs appareils et par les fonctions qui en sont le résultat. Examinons rapidement les particularités les plus remarquables relatives aux sens et à leurs organes propres.

Les reptiles ont tous reçu le sens de la vue ; les plus grands de ces animaux ont même des yeux assez saillants et assez gros relativement au volume de leur corps. Habitant la plupart les rivages des mers et les bords des fleuves de la zone torride, où le soleil n'est presque jamais voilé par des nuages et où les rayons lumineux sont réfléchis par les lames et le sable des rives, il faut que leurs yeux soient assez forts pour n'être pas altérés et bientôt détruits par les flots de la lumière qui les inonde. L'organe de la vue doit donc être assez actif dans les reptiles. On observe, en effet, qu'ils aperçoivent les objets de très loin. D'ailleurs nous remarquerons dans les yeux de plusieurs de ces animaux une conformation particulière qui annonce un organe délicat et sensible ; ils ont presque tous les yeux garnis d'une membrane clignotante, comme ceux des oiseaux, et la plupart de ces animaux, tels que les crocodiles et les autres lézards, jouissent, ainsi que les chats, de la faculté de contracter et de dilater leur prunelle, de manière à recevoir la quantité de lumière qui leur est nécessaire, et à empêcher celle qui leur serait nuisible d'entrer dans leurs yeux : par là ils distinguent les objets au milieu des nuits et lorsque le soleil le plus brillant répand ses rayons ; leur organe est très exercé, et d'autant plus délicat qu'il n'est jamais ébloui par une clarté trop vive.

Si nous trouvions dans chacun des sens des rep-

tiles la même force que dans celui de la vue, nous
pourrions attribuer à ces animaux une très grande
sensibilité; mais tous les autres sens paraissent
presque obtus : et d'abord l'ouïe semble bien moins
parfaite que dans les autres classes des animaux
supérieurs. En effet, leur oreille interne, siège de
l'audition, n'est pas composée de toutes les pièces
qui servent à la perception des sons dans les animaux les mieux organisés. Les reptiles n'ont point
de conques externes pour recueillir les rayons sonores, et n'ont à la place que de petites ouvertures
qui ne peuvent donner passage qu'à une très petite
quantité d'ondulations sonores. On peut donc imaginer que l'organe de l'ouïe est moins actif dans ces
animaux que dans la plupart des quadrupèdes et
des oiseaux. D'ailleurs la plupart de ces animaux
sont presque toujours muets, ou ne font entendre
que des sons rauques, désagréables et confus.

On ne doit pas non plus regarder leur odorat
comme très fin. Les animaux dans lesquels il est le
plus fort ont, en général, le plus de peine à supporter les odeurs très vives, et lorsqu'ils demeurent
trop longtemps exposés aux impressions de ces
odeurs exaltées, leur organe s'endurcit, pour ainsi
dire, et perd de sa sensibilité. Or le plus grand
nombre des reptiles vit au milieu de l'odeur infecte
des rivages et des marais remplis de corps organisés en putréfaction; quelques-uns de ces quadrupèdes ovipares répandent même une odeur qui
devient très forte lorsqu'ils sont rassemblés en
troupes. Le siège de l'odorat est aussi très peu apparent dans ces animaux, excepté chez le crocodile; leurs narines sont très peu ouvertes; cependant, comme elles sont les parties extérieures les
plus sensibles de ces animaux, et comme les nerfs

qui y aboutissent sont d'une grandeur extraordinaire dans plusieurs d'entre eux, nous regardons l'odorat comme le second de leurs sens.

Celui du goût doit être bien plus faible dans les reptiles ; il est en raison de la sensibilité de l'organe qui en est le siège, et nous verrons, dans les détails relatifs aux espèces principales, qu'en général leur langue est petite ou enduite d'une humeur visqueuse, et conformée de manière à ne transmettre que difficilement les impressions des corps savoureux.

A l'égard du toucher, on doit le regarder comme bien obtus dans ces animaux. Presque tous recouverts d'écailles dures, enveloppés dans une couverture osseuse, ou cachés sous des boucliers solides, ils doivent recevoir bien peu d'impressions distinctes par le toucher.

La faiblesse de leurs sens suffit peut-être pour modifier leur organisation intérieure, pour modérer la rapidité des mouvements, pour y ralentir le cours des humeurs, pour y diminuer la force des frottements, et, par conséquent, pour faire décroître cette chaleur interne qui, née du mouvement et de la vie, les entretient à son tour ; peut-être, au contraire, cette faiblesse de leurs sens est-elle un effet du peu de chaleur qui anime ces animaux. Quoi qu'il en soit, leur sang est moins chaud que celui des mammifères et des oiseaux. C'est pour cela que les reptiles et les poissons, ainsi que tous les animaux inférieurs, sont appelés *animaux à sang froid ;* leur corps, en effet, n'a point de température propre, mais se trouve toujours au même degré que le milieu qui l'enveloppe. C'est encore pour cette raison que, dans les froids un peu rigoureux, les reptiles tombent dans un engourdissement léthargique, qui ne cesse que quand la douce in-

fluence de la chaleur vient les rappeler à l'existence.
Écoutons M. le comte de Lacépède décrire cet état de
torpeur hibernale avec son style riche et puissant.
« La chaleur de l'atmosphère est si nécessaire aux
quadrupèdes ovipares, que lorsque le retour des
saisons réduit les pays voisins des zones torrides à
la froide température des contrées beaucoup plus
élevées en latitude, les quadrupèdes ovipares perdent
leur activité, leurs sens s'émoussent, la chaleur de
leur sang diminue, leurs forces s'affaiblissent; ils
s'empressent de gagner des retraites obscures, des
antres dans les rochers, des trous dans la vase,
ou des abris dans les joncs et les autres végétaux
qui bordent les grands fleuves. Ils cherchent à y
jouir d'une température moins froide et à y conserver pendant quelques moments un reste de
chaleur près de leur échapper. Mais le froid crois-
sant toujours, et gagnant de proche en proche, se
fait bientôt sentir dans leurs retraites, qu'ils paraissent choisir au milieu des bois écartés, ou sur des
bords inaccessibles, pour se dérober aux recherches
et à la voracité de leurs ennemis pendant le temps
de leur sommeil hibernal, où ils ne leur offriraient
qu'une masse sans défense et un appât sans danger.
Ils s'endorment d'un sommeil profond, ils tombent
dans un état de mort apparente, et cette torpeur est
si grande, qu'ils ne peuvent être éveillés par aucun
bruit, par aucune secousse, ni même par des blessures; ils passent inertement la saison de l'hiver
dans cette espèce d'insensibilité absolue, où ils ne
conservent de l'animal que la forme, et seulement
assez de mouvement intérieur pour éviter la décomposition à laquelle sont soumises toutes les substances organisées réduites à un repos absolu. Ils ne
donnent que quelques faibles marques du mouve-

ment qui reste encore à leur sang, mais qui est
d'autant plus lent, que souvent il n'est animé par
aucune expiration ni inspiration. Ce qui le prouve,
c'est qu'on trouve presque toujours les reptiles engourdis dans la vase et cachés dans des creux le
long des rivages, où les eaux les gagnent et les sur-
montent souvent, où ils sont par conséquent beaucoup de temps sans pouvoir respirer, et où ils reviennent cependant à la vie dès que la chaleur du
printemps se fait de nouveau ressentir.

« Mais comme tout a un terme dans la nature, si
le froid devenait trop rigoureux ou durait trop longtemps, les reptiles engourdis périraient. La ma-
chine animale ne peut, en effet, conserver qu'un
certain temps les mouvements intérieurs qui lui ont
été communiqués. Non seulement une nouvelle
nourriture doit réparer la perte de la substance qui
se dissipe ; mais ne faut-il pas encore que le mouvement intérieur soit renouvelé, pour ainsi dire,
par les secousses extérieures, et que des sensations
nouvelles remontent tous les ressorts ? »

La masse totale du corps des quadrupèdes ovipares, et des reptiles en général, ne perd aucune
partie très sensible de substance pendant leur longue
torpeur ; mais les portions les plus extérieures, plus
soumises à l'action desséchante du froid, et plus
éloignées du centre du faible mouvement interne
qui reste encore, subissent une sorte d'altération
dans la plupart des reptiles. Lorsque cette couverture la plus extérieure n'est pas une partie osseuse,
comme dans les tortues et dans les crocodiles, elle
se dessèche, perd son organisation, ne peut plus
être unie avec le reste du corps organisé, et ne
participe plus à ses mouvements internes ni à sa
nourriture. Lors donc que le printemps redonne le

mouvement aux reptiles, la première peau, soit nue, soit garnie d'écailles, ne fait plus partie en quelque sorte du corps animé, elle n'est plus pour ce corps qu'une substance étrangère ; elle est repoussée, pour ainsi dire, par des mouvements intérieurs qu'elle ne partage plus. La nourriture qui en entretenait la substance se porte cependant, comme à l'ordinaire, vers la surface du corps ; mais, au lieu de réparer une peau qui n'a presque plus de communication avec l'intérieur, elle en forme une nouvelle, qui ne cesse de s'accroître au-dessous de l'ancienne. Tous ces efforts détachent peu à peu cette vieille peau du corps de l'animal, achèvent d'ôter toute liaison entre les parties intérieures et cette peau altérée, qui, de plus en plus privée de toute réparation, devient plus soumise aux causes étrangères qui tendent à la décomposer. Attaquée ainsi des deux côtés, elle cède, se fend, et l'animal, revêtu d'une peau nouvelle, sort de cette espèce de fourreau, qui n'était plus pour lui qu'un corps embarrassant.

C'est ainsi que le développement annuel des quadrupèdes ovipares nous paraît devoir s'opérer ; mais il n'est pas seulement produit par l'engourdissement. Ils quittent également leur première peau dans les pays où une température plus chaude les garantit du sommeil de l'hiver. Quelques-uns la quittent aussi plusieurs fois pendant l'été des contrées tempérées. Le même effet est produit par des causes opposées ; la chaleur de l'atmosphère équivaut au froid et au défaut de mouvement, elle dessèche également la peau, en dérange le tissu et en détruit l'organisation.

Lorsque les reptiles quittent leur vieille couverture, leur nouvelle peau est souvent assez molle pour les rendre plus sensibles aux chocs des objets extérieurs : aussi sont-ils plus timides, plus réservés, pour ainsi dire, dans leur démarche, et se tiennent-ils cachés, autant qu'ils le peuvent, jusqu'à ce que cette peau ait été fortifiée par de nouveaux sucs nourriciers et endurcie par les impressions de l'atmosphère.

DIVISIONS GÉNÉRALES DES REPTILES EN DIFFÉRENTS ORDRES

Linné, le célèbre classificateur suédois, avait parfaitement saisi les nuances extérieures d'organisation pour en faire les caractères de ses groupes zootechniques. Mais, comme nous l'avons dit dans notre Introduction, ses distributions d'ordres et de genres, appuyées trop souvent uniquement sur des différences secondaires ou tertiaires, n'ont pu être maintenues dans la méthode analytique sévère des naturalistes modernes. Linné avait désigné sous le nom d'*amphibies* la plupart des animaux que nous appelons aujourd'hui *reptiles;* il avait même renfermé dans le même groupe quelques poissons chondroptérygiens, qu'il nommait *amphibies nageants.* Cette dénomination d'amphibies a été peu favorablement accueillie des zoologues, et l'on a cherché immédiatement à poser les fondements d'études plus sérieuses pour les classer d'après les données invariables et les principes rationnels de l'organisation intérieure.

Ce fut le célèbre Daubenton qui, guidé par un esprit judicieux, et éclairé par le flambeau de l'anatomie, traça le premier la ligne de circonscription de ce que nous nommons maintenant la classe des reptiles.

Lacépède, dans son immortel ouvrage des *Qua-drupèdes ovipares*, des *Reptiles* et des *Poissons*, suivit les distributions zooclassiques de Daubenton, qu'il perfectionna dans les distributions génériques et qu'il surpassa de beaucoup par ses descriptions, nettement conçues et largement tracées.

M. Alex. Brongniart a publié une classification de ces animaux bien plus naturelle que les précédentes, et qui a obtenu l'assentiment des hommes versés dans cette étude ; M. Cuvier l'a adoptée dans son grand ouvrage, *le Règne animal distribué d'après son organisation*. Ce qui lui imprime surtout le cachet de la stabilité, c'est qu'il a suivi une marche beaucoup plus rationnelle que ses devanciers. Les naturalistes qui s'étaient occupés jusqu'à ce jour de la classification des reptiles avaient eu, presque tous, plus d'égard à des caractères extérieurs, tranchés à la vérité, mais qui n'avaient pas une très grande importance. Ils avaient négligé ceux que leur offraient l'anatomie, le développement, les mœurs et les habitudes de ces animaux ; la base de leur méthode n'était presque fondée que sur la présence des pattes et de la queue. M. Alex. Brongniart a fait apercevoir sans peine le vice d'un pareil système, et prouva qu'il fallait, dans toute méthode, épuiser les caractères des degrés supérieurs, tels que ceux que fournissent les organes les plus essentiels à la vie, avant de descendre aux caractères des degrés inférieurs, comme ceux que l'on tire des organes du mouvement, des téguments, etc. Ce naturaliste, d'après ces principes, a divisé les reptiles en quatre ordres, dont voici les noms et les caractères distinctifs :

Premier ordre : les *chéloniens*, ou les *tortues*.

Ces reptiles n'ont point de dents enchâssées, mais

leurs mâchoires sont enveloppées de gencives cornées et tranchantes; leur corps est couvert d'une carapace; ils ont deux oreillettes au cœur, un estomac plus volumineux que celui des autres reptiles; ils pondent des œufs à coquilles calcaires et solides; les végétaux sont leur nourriture.

Second ordre : les *sauriens*.

Ils répondent aux lézards de Linné. Tous ces animaux ont encore deux oreillettes au cœur, des côtes, un sternum, et un corps couvert d'écailles. Les œufs sont revêtus d'une croûte calcaire, et les petits qui en sortent n'ont pas de métamorphoses à subir.

Troisième ordre : les *ophidiens* ou les *serpents*.

Ils ont de longues côtes arquées, mais sans sternum, et une seule oreillette au cœur; le corps est fort allongé, dépourvu de pattes.

Quatrième ordre : les *batraciens*.

Cet ordre comprend les crapauds, les rainettes, les grenouilles et les salamandres. Tous ces reptiles n'ont qu'une oreillette au cœur; leur squelette est dépourvu de côtes véritables; ils ont des pattes et la peau unie. Les petits ont, dans les premiers jours de leur existence, des branchies, et s'éloignent par leurs formes de leurs parents. Les salamandres avaient été mal à propos réunies avec les lézards; quoiqu'elles aient avec eux quelques rapports de conformation extérieure, cependant le fait seul des métamorphoses de la première époque de leur vie devait les en séparer et les mettre à la place qu'elles occupent maintenant.

———

PREMIER ORDRE DES REPTILES

LES CHÉLONIENS, OU LES TORTUES

Avant d'entreprendre l'histoire des mœurs de ces singuliers animaux, nous devons jeter en avant quelques traits sur leur organisation particulière. Il semble que l'auteur de la nature ait voulu leur prodiguer des marques d'une attention toute spéciale. La cuirasse forte et solide qui enveloppe le corps des tortues n'est pas formée d'une simple enveloppe composée de bandes ou d'écailles osseuses, comme on peut l'observer dans quelques rares genres de mammifères, tels que les *tatous* et les *pangolins :* c'est une vraie maison que l'animal porte toujours avec lui, un lieu de refuge, un asile protecteur, où il se met à l'abri des attaques de ses ennemis. Ni les serres des oiseaux de proie ni les dents des quadrupèdes féroces ne peuvent l'en arracher, ou du moins, ce n'est qu'avec beaucoup de peine. Le toit de cette habitation est si solide, que le dard le plus acéré et le plus vigoureusement lancé vient s'émousser contre lui, qu'il résiste à de violents efforts, et souvent à de rudes secousses. Tandis que les autres animaux sont obligés d'employer, suivant leur genre particulier d'industrie, mille stratagèmes pour se garantir des intempéries de l'atmosphère, la tortue, par un léger mouvement, une simple contraction de ses membres et de sa tête, peut subitement braver toutes les incommodités qui la menacent : elle est aussi à l'abri, sous ce bouclier naturel, que l'animal qui s'est creusé une retraite dans les lieux profonds et inaccessibles d'une roche.

Cette enveloppe osseuse des tortues est composée de deux parties parfaitement distinctes, l'une supérieure, l'autre inférieure. Le bouclier qui protège le dos se nomme *carapace*, et celui qui est situé à la partie inférieure du corps s'appelle le *plastron*. Ces deux expansions osseuses sont revêtues de lames minces et fines constituant ce qu'on désigne par le nom d'*écailles* dans le commerce. Ces écailles se fondant à un feu assez doux, l'industrie de l'homme en a profité pour les réunir, les mouler, leur faire prendre différentes figures, et avec d'autant plus d'avantage que plusieurs ont des couleurs fauves très belles et demi-transparentes.

Les autres parties de l'ostéologie n'ont rien de très anormal dans leur conformation. Nous devons seulement donner quelques détails sur le peu de développement de la circulation et de la respiration, et sur les conséquences qui en découlent pour différentes fonctions organiques. La plupart des reptiles n'ont pas le cœur, moteur du sang et centre du système circulatoire, développé dans les conditions que nous observons dans les animaux des classes supérieures. Les chéloniens ont au cœur deux oreillettes et un seul ventricule : disposition qui ne permet pas au sang hématosé de parcourir seul le système artériel; mais qui, mélangeant les deux fluides sanguins, rend celui nutritif moins propre à entretenir la chaleur et la vie. Ces animaux peuvent même rester assez longtemps sans respirer, et leur sang passe alors immédiatement du cœur aux différentes régions du corps sans avoir passé préalablement par le système respiratoire. Nous devons ajouter que les poumons sont loin d'avoir acquis le même développement dans leurs tissus propres. Au lieu de la structure compacte de ces organes dans les animaux supérieurs, il existe de larges vacuoles et de vastes déchirures qui reçoivent une assez grande quantité d'air comme une réserve. La température animale et l'irritabilité musculaire sont les deux résultats de la respiration et de la circulation, et se trouvent toujours avec ces deux fonctions importantes dans un rapport parfaitement exact. Aussi voyons-nous que la température intérieure est presque nulle, et que, dans les abaissements de la température atmosphérique, leurs organes sont comme frappés de paralysie et sont plongés dans un engourdissement profond. L'irritabilité musculaire reçoit son stimulus le plus puissant de la présence du sang artériel, et son énergie de l'abondance de la chaleur vitale qu'il communique.

Ces circonstances n'ayant point lieu chez les tortues, nous pouvons dire qu'en général la contractilité musculaire a très peu d'énergie, et que tous leurs mouvements devront être d'une inexprimable lenteur : chacun sait le proverbe, *lent comme une tortue*. Dans les climats brûlés par un soleil ardent, la température extérieure qui enveloppe le corps des tortues peut lui communiquer cette chaleur vivifiante et puissante dont il est privé intérieurement. C'est alors que nous pouvons voir quelques-uns de ces animaux doués d'une force, d'une agilité, d'une énergie, si rares dans les mêmes individus du même ordre moins favorisés de la nature.

Si les tortues n'ont pas des sensations très vives ni des mouvements très variés, nous pouvons dire qu'elles ont reçu une sorte de compensation dans la ténacité et la durée de leur vie. On a vu des tortues survivre à des mutilations extrêmement cruelles, et certainement mortelles pour la plupart des autres animaux. C'est ainsi que Réti rapporte avoir vu une tortue vivre six mois sans cerveau, et un autre individu vivre encore vingt-trois jours après que la tête avait été séparée du corps ; enfin, au rapport du même auteur, une tortue terrestre vécut dix-huit mois sans nourriture. Quant à leur longévité, on a sans doute raconté beaucoup de fables à ce sujet ; mais on a vu des exemples remarquables de tortues fluviales et lacustres qui ont vécu plus de quatre-vingts ans.

Les tortues ont les mœurs très variées : les unes vivent toujours dans la mer, les autres dans les eaux douces, enfin quelques-unes sur la terre et dans les endroits secs et arides ; de là la triple division de l'ordre des chéloniens en trois familles : les *tortues marines*, les *tortues d'eau douce* et les *tortues terrestres*.

Iʳᵉ FAMILLE DES CHÉLONIENS

TORTUES MARINES

Les tortues marines sont assez faciles à reconnaître au premier coup d'œil à la carapace et à leur plastron très aplatis, et à leurs pattes largement aplaties en forme de rames. Ces animaux sont bons et parfaits nageurs ; la mer forme leur séjour favori ; ils y paissent dans ses profondeurs les algues et les autres plantes marines, et n'en sortent que pour déposer leurs œufs sur le sable des rivages.

LA TORTUE FRANCHE

Un des plus beaux présents que la nature ait faits aux habitants des contrées équatoriales, une des productions les plus utiles qu'elle ait déposées sur les confins de la terre et des eaux, est la grande tortue de mer, à laquelle on a donné le nom de *tortue franche*. L'homme emploierait avec bien moins d'avantage le grand art de la navigation, si, vers les rives éloignées où ses désirs l'appellent, il ne trouvait dans une nourriture aussi agréable qu'abondante un remède assuré contre les suites funestes d'un long séjour dans un espace resserré, et au milieu de substances à demi putréfiées que la chaleur et l'humidité ne cessent d'altérer. Cet aliment précieux lui est fourni par les tortues franches, et elles lui sont d'autant plus utiles qu'elles habitent surtout ces contrées ardentes où une chaleur plus vive accélère le développement de tous les germes de corruption. On les rencontre, en effet, en très grand nombre sur les côtes des îles et des continents de la zone torride, tant dans l'ancien que dans le nouveau monde. Les bas-fonds qui bordent ces îles et ces continents sont revêtus d'une grande quantité d'algues et d'autres plantes que la mer recouvre de ses ondes, mais qui sont assez près de la surface des eaux pour qu'on puisse les distinguer facilement lorsque le temps est calme. C'est sur ces espèces de prairies qu'on voit les tortues franches se promener paisiblement. Elles se nourrissent de l'herbe de ces pâturages. Elles ont quelquefois de deux mètres à deux mètres trente-trois centimètres de longueur, à compter depuis le bout du museau jusqu'à l'extrémité de la queue, sur un mètre à un mètre trente-trois centimètres de largeur, et un mètre trente-trois centimètres environ d'épaisseur dans l'endroit le plus gros du corps :

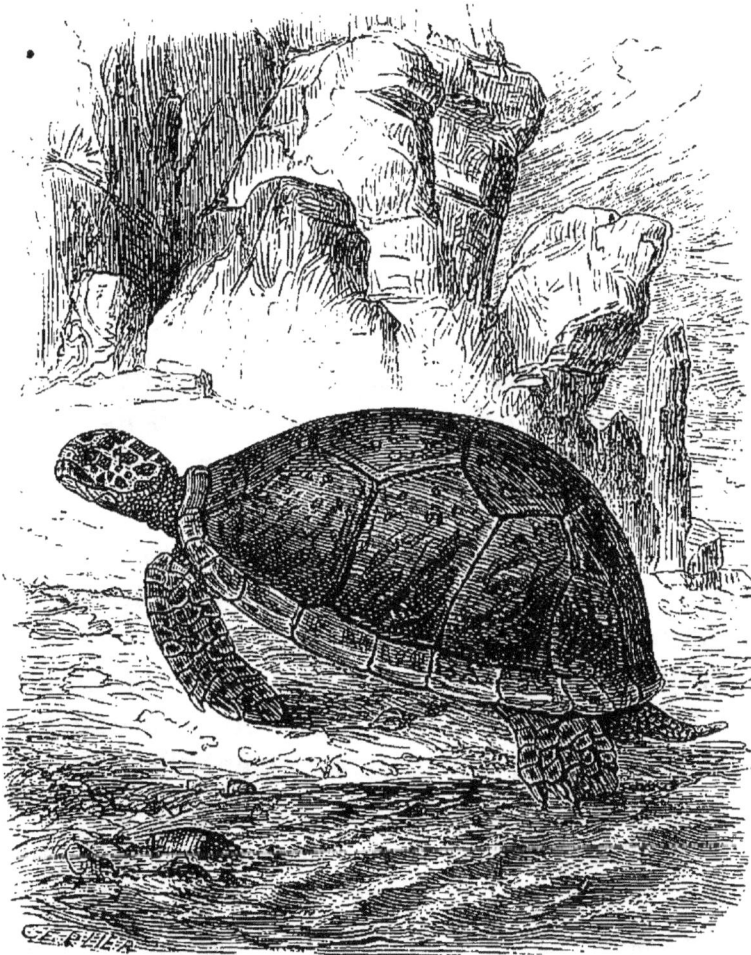

La tortue franche.

elles pèsent alors près de quatre cents kilogrammes. Elles sont en si grand nombre, qu'on serait tenté de les regarder comme une espèce de troupeau rassemblé à dessein pour la nourriture et le soulagement des navigateurs qui abordent auprès de ces bas-fonds, et les troupeaux marins qu'elles forment le cèdent d'autant moins à ceux qui paissent l'herbe de la surface du globe, qu'ils joignent à un goût exquis et à une chair succulente et substantielle une vertu des plus actives et des plus salutaires.

On fait des bouillons de tortue franche, que l'on regarde comme excellents pour les pulmoniques, les cachectiques, les scorbutiques, etc. La chair de cet animal renferme un suc adoucissant, nourrissant, incisif ou diaphorétique.

Les tortues franches, après s'être repues au fond de la mer, se rapprochent de l'embouchure des grands fleuves, et viennent y chercher l'eau douce, dans laquelle elles paraissent se complaire et où elles se tiennent paisiblement la tête hors de l'eau, pour respirer un air dont la fraîcheur semble leur être de temps en temps nécessaire. Mais n'habitant que des côtes dangereuses pour elles, à cause du grand nombre d'ennemis qui les y attendent, et de chasseurs qui les y poursuivent, ce n'est qu'avec précaution qu'elles goûtent le plaisir de humer l'air frais, et de se baigner au milieu d'une eau douce et courante. A peine aperçoivent-elles l'ombre de quelque objet à craindre, qu'elles plongent et vont chercher au fond de la mer une retraite plus sûre.

La chaleur du soleil suffit pour faire éclore les œufs de tortues dans les contrées qu'elles habitent. Vingt à vingt-cinq jours après qu'ils ont été déposés, on voit sortir du sable les petites tortues, que leur instinct conduit vers les eaux voisines, où elles doivent trouver la sûreté et l'aliment de leur vie. Elles s'y traînent avec lenteur; mais trop faibles encore pour résister au choc des vagues, elles sont rejetées par les flots sur le sable du rivage, où les grands oiseaux de mer, les crocodiles, les tigres ou les couguars se rassemblent·pour les dévorer ; aussi n'en échappe-t-il que très peu. L'homme en détruit d'ailleurs un grand nombre avant qu'elles soient développées ; on recherche même, dans les îles où elles abondent, les œufs qu'elles laissent sur le sable, et qui donnent une nourriture aussi agréable que saine. On prend aussi les petites tortues qui viennent de naître, pour les renfermer dans un parc sur le bord de la mer, où on les laisse croître pour en avoir au besoin. C'est à l'époque de la ponte que les pêcheurs prennent les grandes tortues femelles, dont la chair est plus estimée que celle des mâles. Dès l'entrée de la nuit, et surtout lorsque la lune leur prête une lumière favorable, ils se rendent sur le rivage où les tortues ont coutume de pondre : là ils attendent dans le silence qu'elles sortent de l'eau ou qu'elles y reviennent. Dès qu'ils les aperçoivent, ils les assomment à coups de massue, les retournent avec rapidité, sans leur donner le temps de se défendre en lançant une grande quantité de sable, qu'elles font quelquefois jaillir sur les assaillants avec leurs nageoires. Plusieurs hommes se réunissent pour cette pêche, et emploient même le secours des leviers lorsque les individus sont très grands. La carapace des tortues marines étant presque plate ou du moins peu convexe, ne leur permet pas de se remettre sur les pattes ; et une fois renversées ou *chavirées*, suivant l'expression des pêcheurs, elles périssent dans cet état.

Les amateurs de fables pourront nous dire que les tortues, ne pouvant pas se défendre, jettent des cris plaintifs et versent des torrents de larmes. Nous n'ajouterons point foi à ce merveilleux, et nous penserons seulement que la crainte, le sentiment de la douleur, peuvent faire produire à cet animal une espèce de gémissement.

Si les matelots sont en assez grand nombre, ils retournent dans l'espace de trois heures quarante à cinquante tortues, qui renferment une grande quantité d'œufs : ils traînent dans les parcs et renversent celles qu'ils veulent conserver ; les autres sont mises en pièces ; la chair, les intestins même, les œufs, en sont salés ; la graisse leur fournit une huile jaune et verdâtre, employée dans les aliments lorsqu'elle est fraîche, et qui sert toujours à brûler ; les grandes tortues en donnent jusqu'à trente litres.

Si l'on ne veut point saler la tortue afin de la manger fraîche, on enlève le plastron, la tête, les pattes, ainsi que la queue, et l'on fait cuire la chair dans la carapace. La portion contiguë au plastron est la plus estimée. Les sucs de la chair, ainsi que les œufs, conviennent particulièrement dans les maladies où la masse du sang a besoin d'être épurée.

Lacépède termine son intéressante histoire de la tortue franche, dont nous venons de faire l'analyse, en émettant le vœu qu'on fasse des essais pour acclimater les tortues franches sur toutes les côtes tempérées. L'acquisition d'une espèce aussi féconde serait certainement une des plus utiles.

LE CARET

Le philosophe mettra toujours au premier rang la tortue franche, comme celle qui fournit la nourriture la plus agréable et la plus salutaire ; mais ceux qui ne recherchent que ce qui brille préféreront la tortue à laquelle on donne le nom de *caret*. C'est principalement cette tortue que l'on voit revêtue de ces belles écailles qui, dès les siècles les plus reculés, ont décoré les palais les plus somptueux : effacées dans les temps plus modernes par l'éclat de l'or et par le feu que la taille a donné aux pierres dures et transparentes, on ne les emploie presque plus qu'à orner les bijoux simples, mais élégants, de ceux dont la fortune est plus bornée, et peut-être le goût plus pur. Mais si les écailles de la tortue caret ont perdu de leur valeur par leur comparaison avec des substances plus éclatantes, et parce que la découverte du nouveau monde en a répandu une grande quantité dans l'ancien, leur usage est devenu plus général : on s'en sert d'autant plus qu'elles coûtent moins.

Il est aisé de reconnaître la tortue caret au luisant des écailles placées sur la carapace, et surtout à la manière dont elles sont disposées : elles se recouvrent comme les ardoises qui sont sur nos toits. Elles sont d'ailleurs communément au nombre de treize sur le disque ; elles y sont placées sur trois rangs.

On rencontre le caret dans les contrées chaudes de l'Amérique ; mais on le trouve aussi dans les mers d'Asie. C'est de ces dernières qu'on apportait surtout les écailles fines dont se servaient les anciens, même avant le temps de Pline, et que les Romains devaient d'autant plus estimer qu'elles étaient plus rares et qu'elles venaient de plus loin ; car il semble qu'ils n'attachassent de valeur qu'à ce qui était pour eux le signe d'une plus grande puissance et d'une domination plus étendue.

Les œufs du caret sont plus délicats que ceux des autres tortues ; mais sa chair n'est point du tout agréable ; elle a même, dit-on, une forte vertu purgative, et cause des vomissements violents.

II° FAMILLE DES CHÉLONIENS

LES TORTUES D'EAU DOUCE

Les tortues d'eau douce se distinguent des précédentes par la forme des membres, qui ne sont plus largement aplatis en nageoires, mais qui ont les doigts bien distincts et réunis par des palmures pour faciliter la natation. Leur enveloppe est généralement plus aplatie que celle des tortues de terre.

LA BOURBEUSE, OU LA TORTUE D'EAU DOUCE D'EUROPE

La bourbeuse est une des tortues que l'on rencontre le plus souvent au milieu des eaux douces d'Europe; elle est de beaucoup plus petite qu'aucune tortue marine, puisque sa longueur depuis le bout du museau jusqu'à l'extrémité de la queue n'excède pas ordinairement dix-huit à vingt et un centimètres, et sa largeur de huit à dix.

On la trouve non seulement dans les climats chauds et tempérés de l'Europe, mais encore en Asie, au Japon, dans les grandes Indes, etc. Elle s'engourdit pendant l'hiver, même dans les climats tempérés. Sa retraite durant cette saison consiste en un trou de seize centimètres de profondeur, qu'elle creuse dans la terre vers la fin de l'automne, et qui exige d'elle un travail de la durée d'un mois. Le printemps la ranime et lui fait changer de demeure : elle passe la plus grande partie de cette saison dans

l'eau, s'y tenant souvent à la surface lorsqu'il fait
chaud et que le soleil luit. L'été, elle est presque
toujours à terre.

La tortue bourbeuse multiplie beaucoup en plusieurs endroits aquatiques des départements les
plus méridionaux de la France, auprès du Rhône,
dans les marais d'Arles, etc. On trouva une année,
dans un marais des plaines de la Durance, une si
grande quantité de ces animaux, qu'ils suffirent
pendant plus de trois mois à la nourriture des habitants de la campagne des environs.

Son goût pour les limaçons, les insectes et les
vers, la rend utile dans les jardins, et soit pour
cette raison, soit parce que sa chair est employée
en médecine, on en fait un animal domestique que
l'on conserve dans des bassins pleins d'eau en ayant
soin d'y placer une planchette inclinée pour qu'il
puisse sortir de l'eau à volonté.

Si cette tortue est utile dans les jardins, elle est
nuisible dans les étangs : elle saisit, à ce qu'on
rapporte, des poissons même assez gros sous le
ventre, leur fait perdre le sang par des blessures
cruelles, et les entraîne au fond de l'eau pour les
y dévorer, ne laissant que les arêtes et les parties
les plus cartilagineuses. Leur vessie aérienne est
quelquefois rejetée, et sa présence sur la surface
des eaux décèle le terrible destructeur de ces poissons.

LA TORTUE A BOÎTE

La *tortue à boîte* a pour patrie l'Amérique septentrionale. Elle est longue de onze centimètres et
large de huit. La carapace est très bombée ; le

plastron n'est point échancré ; mais ses parties antérieure et postérieure forment deux espèces de battants qui jouent sur une charnière cartilagineuse, couverte d'une peau élastique, et placée à l'endroit où le plastron se réunit à la couverture supérieure ou carapace. La tortue peut ouvrir ou fermer à volonté ses deux battants en les appliquant contre les bords de la carapace, de manière à être alors renfermée comme dans une boîte, d'où lui vient son nom.

III° FAMILLE DES CHÉLONIENS

LES TORTUES DE TERRE

Les tortues terrestres ont la carapace beaucoup plus bombée que dans les espèces que nous venons de parcourir ; leurs jambes, comme tronquées, à doigts fort courts et réunis de très près jusqu'aux ongles, peuvent se retirer entièrement sous la carapace. Les pieds antérieurs ont cinq ongles, et les postérieurs n'en ont que quatre, tous gros et coniques.

LA TORTUE GRECQUE

On nomme ainsi la tortue terrestre la plus commune dans la Grèce et dans plusieurs contrées tempérées de l'Europe. On la rencontre dans les bois et dans les terres élevées : il n'est personne

qui ne l'ait vue ou qui ne la connaisse de nom.
Depuis les anciens jusqu'à nous, tout le monde a
parlé de sa lenteur : le philosophe s'en est servi
dans ses raisonnements, le poëte dans ses images,
le peuple dans ses proverbes. La tortue terrestre
peut, en effet, passer pour le plus lent des quadrupèdes ovipares.

Les tortues grecques ressemblent à plusieurs
égards aux tortues d'eau douce. Leur taille varie
beaucoup suivant leur âge et le pays qu'elles habitent. Il paraît que celles qui vivent sur les montagnes sont plus grandes que les tortues de plaine.
On en trouve qui ont environ trente-sept centimètres de longueur totale sur presque seize de
largeur.

La tortue grecque se nourrit d'herbes, de fruits
et même de vers, de limaçons et d'insectes; mais
comme elle n'a pas l'habitude d'attaquer les animaux d'une taille plus considérable, ses mœurs
sont extrêmement douces; elle est aussi paisible
que sa démarche est lente, et la tranquillité de ses
habitudes en fait aisément un animal domestique,
qu'on voit avec plaisir dans les jardins, où elle détruit les insectes nuisibles.

Comme toutes les autres tortues, elle peut se
passer de manger pendant très longtemps. Gérard
Blasius garda chez lui une tortue de terre qui
pendant six mois ne prit aucune nourriture ni
aucune boisson.

La tortue grecque peut vivre longtemps, et un
naturaliste en a vu une en Sardaigne qui se trouvait dans une maison depuis quatre-vingts ans,
comme un vieux domestique.

DEUXIÈME ORDRE DES REPTILES

LES SAURIENS

L'ordre des sauriens renferme tous les reptiles qui par leur conformation générale se rapprochent le plus des lézards. Tous ces animaux ont le corps allongé, porté sur quatre pattes et terminé par une assez longue queue. Cet ordre, assez mal circonscrit pendant longtemps, est renfermé maintenant par la méthode dans des limites naturelles et bien tranchées. On avait fait entrer dans cette série des lézards toutes les salamandres, d'après leur aspect extérieur, mais sans nulle considération des mœurs, des habitudes, de l'organisation intérieure, et surtout des métamorphoses complètes que subissent toutes les salamandres, et qui les ont fait ranger avec beaucoup de raison parmi les batraciens.

La peau de ces animaux est revêtue d'une couche épidermique assez épaisse et inégale, qui forme des espèces d'écailles ou de plaques plus ou moins grandes. La bouche, largement fendue, n'est pas munie de lèvres charnues, mais est armée de dents, en général de forme conique, qui servent à saisir et à retenir la proie, mais rarement à broyer les aliments. La nourriture des sauriens consiste essentiellement en matières animales, et leur estomac, ainsi que tout le reste du tube digestif, est en rapport avec ce régime.

La conformation extérieure des sauriens offre de nombreuses variétés; leurs habitudes n'en présentent pas moins. Les plus grands, tels que les croco-

diles, habitent les fleuves et les marais; les autres
vivent, les uns au milieu des bois, dans les déserts,
les autres dans des lieux habités, sous les pierres,
dans les murs. Les dragons se tiennent sur les arbres
et s'élancent de branche en branche, en se soute-
nant en l'air à l'aide d'une large membrane latérale
en forme d'aile.

Les lézards ont la vie très dure; ils supportent des
diètes de plusieurs mois, et malgré ces longs jeûnes
ils subissent leur mue comme s'ils avaient été
nourris pendant ce temps. Les époques auxquelles
ils prennent une robe nouvelle sont le printemps et
l'automne. La saison d'hiver venant à détruire ou
à faire disparaître les insectes, les vers dont ils
s'alimentent, on les voit se retirer dans des trous, où
ils s'engourdissent jusqu'à ce que le soleil les ranime
avec la nature. Les lézards de nos contrées commencent à sortir de leurs retraites vers la fin de février.
Les premiers essais de leur liberté consistent à montrer la tête hors de la fente de la muraille qu'ils
habitent, et à recevoir la chaleur bienfaisante de
l'astre du jour. Ils le chargent bientôt après du soin
de vivifier et de faire éclore leurs œufs, qui ont une
coquille calcaire, de même que ceux des tortues,
et qu'ils enfouissent dans la terre ou dans le sable.

LE CROCODILE

Ce genre renferme un bien plus grand nombre
d'espèces qu'on ne l'avait cru d'abord; les naturalistes, ne s'étant décidés que sur des caractères su-
perficiels, avaient rangé ensemble le crocodile du
Nil, le caïman de l'Amérique et le gavial des bords
du Gange. Des observateurs plus clairvoyants ont

cherché à dissoudre une société aussi informe, et à placer tous ces animaux suivant leurs rapports naturels.

Le crocodile, en général, est parmi les lézards ce qu'est le lion dans la classe des quadrupèdes vivipares, ce qu'est l'aigle aux autres oiseaux ; tous sont autant de maîtres redoutables ; l'un a pour son domaine les vastes solitudes de la zone torride, l'autre celui des airs. Habitant de la terre et des eaux, le crocodile semble étendre plus loin sa puissance ; elle est d'autant plus terrible, que ses forces, à raison de la température de son sang, s'affaiblissent moins vite, qu'il vit plus longtemps, et que sa cuirasse le rend plus impénétrable.

Incapable par la nature de son tempérament de violents désirs, le crocodile n'est cruel que par besoin. Aristote l'avait depuis longtemps disculpé du reproche de férocité.

Le crocodile pond un assez grand nombre d'œufs qu'il dépose dans le sable, et il laisse à la chaleur du soleil le soin de les faire éclore. La femelle du caïman met un peu plus de sollicitude dans la manière dont elle faite sa ponte : elle prépare assez près des eaux qu'elle habite une espèce de nid dans le creux de quelque terrain élevé, en y ramassant des feuilles ou des débris de végétaux, dont la fermentation accélère le développement du germe de l'œuf. Suivant Catesby, l'œuf du crocodile de la Caroline, l'alligator, n'est pas plus grand que l'œuf d'une poule d'Inde ; mais ceux du crocodile sont bien plus grands : ces œufs sont ovales, blanchâtres, et leur coque, d'une substance crétacée semblable à celle des œufs de poule.

Les petits crocodiles sont repliés sur eux-mêmes dans l'œuf, et n'ont que seize à dix-huit centimètres de long lorsqu'ils sortent de la coque. La chaleur

vivifiante de l'astre du jour fait seule éclore les
œufs du crocodile. Dès que les petits sont nés, ils
vont se jeter dans l'eau pour y chercher leur nourriture et leur sûreté; mais à un âge aussi tendre ils

Le crocodile.

deviennent souvent la proie des poissons voraces,
des crocodiles même.

C'est sur les rives des grands fleuves, et qui offrent
une grande quantité de testacés, de tortues, de
poissons, de grenouilles, près des lieux où il est

facile de se mettre en embuscade, au milieu des
lacs marécageux et des savanes noyées, que les
crocodiles, les caïmans, établissent leur demeure;
c'est là qu'ils attendent dans le silence l'instant favorable pour tomber sur leur proie. Les béliers, les
porcs, les bœufs même, sont quelquefois attaqués.
Élevant la partie supérieure de la tête au-dessus
de la surface de l'eau, ils guettent les animaux qui
viennent boire; dès qu'ils en aperçoivent un, ils
plongent, vont jusqu'à lui en nageant entre deux
eux, le saisissent par les jambes et l'entraînent
pour le noyer. Pressés par la faim, ils se jettent
sur l'homme.

Quoique le crocodile soit lourd et d'un volume
considérable, il se remue cependant avec agilité, et
dans l'eau, spécialement, il est d'autant plus dangereux qu'il y jouit de toute sa force; il se précipite avec rapidité sur l'objet dont il veut faire sa
proie, le renverse d'un coup de queue, le saisit et
le déchire aussitôt avec les armes redoutables dont
il est muni.

Ses mouvements sont gênés quand il est à terre;
mais il est encore bien à craindre, marchant très
vite dans les terrains plats et unis. Ne pouvant se
tourner avec promptitude, on l'évite en faisant
beaucoup de détours. Il faut se tenir constamment
sur ses gardes lorsqu'on se trouve sur le bord des
eaux peuplées de crocodiles : on en a vu grimper
sur des canots dans le temps que les passagers se
livraient au sommeil.

Ces grands quadrupèdes ovipares ne muent point:
leur corps conserve toujours la puissante armure
qui le protège. Les plaques écailleuses qui recouvrent la partie supérieure du corps des crocodiles
sont si dures et si solides, qu'elles résistent facile-

ment à la balle et repoussent l'effort des armes tranchantes. Les téguments qui recouvrent l'abdomen sont moins solides, et cèdent facilement au fer de la lance et de tout autre instrument aigu. C'est là seulement qu'on cherche à les percer quand on les poursuit ; mais cette chasse offre toujours les plus grands dangers. En Égypte, on cherche à l'effrayer à grands cris pour le faire tomber dans un fossé profond couvert de branches, et qu'on a ouvert sur son passage près du bord de l'eau.

Le crocodile du Nil, importuné par la présence de l'homme, a fui la basse Égypte, et s'est retiré dans la haute. Le caïman ou crocodile de l'Amérique méridionale, habitant des pays moins populeux, s'y est multiplié à un tel point, qu'il y remplit les lacs, les rivières, et qu'il gêne la navigation : on peut les écarter à coups de rames lorsqu'ils ne sont pas très grands.

Le gavial des bords du Gange atteint quelquefois jusqu'à dix mètres de long : ses mœurs sont analogues à celles du crocodile du Nil. Il a même trouvé sur les bords du grand fleuve des Indes les mêmes honneurs superstitieux que le crocodile sur les bords du fleuve fécond qui fertilise les campagnes d'Égypte.

LE MONITOR OU TUPINAMBIS

Le genre des monitors se reconnaît à des écailles petites et nombreuses sur la tête et les membres, sous l'abdomen et autour de la queue. Lacépède dit que le tupinambis doit une sorte de beauté à la manière dont sont colorées ces écailles dont nous venons de parler. Le corps présente de grandes

taches ou bandes irrégulières d'un blanc assez
éclatant, qui le font paraître comme marbré, et
forment même sur les côtes une espèce de dentelle.
En le revêtant de cette parure agréable, la nature
lui a fait un présent funeste; car ces couleurs le
font distinguer plus facilement du crocodile, son
ennemi le plus acharné. Le monitor, trop faible
pour lutter avec un ennemi si puissant, cherche
son salut dans la fuite en faisant entendre un sifflement aigu produit par la frayeur. Ce sifflement
d'effroi est un avertissement infaillible de la présence du terrible crocodile aux hommes qui se bai-
gneraient dans les environs ou qui se trouveraient
par hasard dans ces endroits. C'est de cette particularité que vient son nom de *monitor*, de *sauve-
garde* ou de *sauveur*, qu'on lui donne quelquefois.
Cuvier s'étonne avec raison qu'on ait donné par
une distraction inconcevable le nom de *tupinambis*,
propre à une espèce de l'Amérique méridionale, à
ces sauriens, propres à l'ancien continent. Les espèces du genre monitor les plus remarquables sont:
le *monitor du Nil*, de un mètre soixante-deux centimètres à deux mètres de long; le *monitor terrestre
d'Égypte*, commun dans les déserts qui avoisinent
l'Égypte, et dont se servent les bateleurs pour
amuser le peuple, après lui avoir arraché les
dents; enfin le *monitor à deux rubans*, qui n'atteint qu'un mètre de longueur.

LE LÉZARD GRIS [1]

Le lézard gris paraît être le plus doux, le plus innocent et l'un des plus utiles des lézards. Ce joli petit animal, si commun dans les pays où nous vivons et avec lequel tant de personnes ont joué dans leur enfance, n'a pas reçu de la nature un vêtement aussi éclatant que plusieurs des autres animaux de la même famille; mais elle lui a donné une parure élégante; sa petite taille est svelte, son mouvement agile, sa course si prompte, qu'il échappe à l'œil aussi promptement que l'oiseau qui vole. Il aime à recevoir la chaleur du soleil; ayant besoin d'une température douce, il cherche les abris, et lorsque par un beau jour de printemps une lumière pure éclaire vivement le gazon en pente ou une muraille qui augmente la chaleur en la réfléchissant, on le voit s'étendre sur ce mur ou sur l'herbe nouvelle avec une espèce de volupté. Il se pénètre avec délices de cette chaleur bienfaisante; il marque son plaisir par de molles ondulations de sa queue déliée; il fait briller ses yeux vifs et animés; il se précipite comme un trait pour saisir sa petite proie ou pour trouver un abri plus commode. Bien loin de s'enfuir à l'approche de l'homme, il paraît le regarder avec complaisance; mais au moindre bruit qui l'effraye, à la chute d'une seule feuille, il se roule, tombe et demeure pendant quelques instants comme étourdi par sa chute; ou bien il s'élance, disparaît, se trouble,

[1] Extrait de Lacépède.

revient, se cache de nouveau, reparaît encore, décrit en un instant plusieurs circuits tortueux que l'œil a de la peine à suivre, se replie plusieurs fois sur lui-même, et se retire enfin dans quelque asile, jusqu'à ce que cette crainte soit dissipée.

Sa tête est triangulaire et aplatie; le dessus est couvert de grandes écailles, dont deux sont situées au-dessous des yeux, de manière à présenter quelquefois des paupières fermées. Son petit museau arrondi présente des contours gracieux; les ouvertures des oreilles sont assez grandes, les deux mâchoires égales, garnies de larges écailles, les dents fines, un peu crochues, et tournées vers le gosier.

Tout est délicat et doux à la vue dans ce petit lézard. La couleur grise que présente le dessus de son corps est variée par un grand nombre de taches blanchâtres, et par trois bandes presque noires qui parcourent la longueur du dos.

Il a ordinairement de treize à seize centimètres de long et quinze millimètres de large. Ne voit-on pas toujours avec intérêt le petit lézard gris jouer innocemment parmi les fleurs avec ceux de son espèce, et par la rapidité de ses agréables évolutions mériter le nom d'*agile,* que Linné lui a donné? On ne craint point ce lézard, doux et paisible; on l'observe de près. Il échappe communément avec rapidité quand on veut le saisir; mais lorsqu'on l'a pris, on le manie sans qu'il cherche à mordre; les enfants en font un jouet, et par une suite de la grande douceur de son caractère il devient familier avec eux. On dirait qu'il cherche à leur rendre caresse pour caresse; il approche innocemment sa bouche de leur bouche; il suce leur salive avec avidité. Les anciens l'ont appelé l'*ami de l'homme;* il aurait fallu l'appeler l'*ami de l'enfance.* Mais cette

enfance, souvent ingrate, ou du moins trop incon-
stante, ne rend pas toujours le bien pour le bien à
ce faible animal : elle le mutile, elle lui fait perdre
une partie de sa queue très fragile, et dont les
tendres vertèbres peuvent aisément se séparer.

Le tabac en poudre est presque toujours mortel
pour un lézard gris : si l'on en met dans sa bouche,
il tombe en convulsions, et le plus souvent il meurt
bientôt après. Utile autant qu'agréable, il se nourrit
de mouches, de grillons, de sauterelles, de vers de
terre, de presque tous les insectes qui détruisent
nos fruits et nos grains.

Pour saisir les insectes dont ils se nourrissent,
les lézards gris dardent avec vitesse une langue
rougeâtre, assez large, fourchue et garnie d'aspé-
rités à peine sensibles, mais qui suffisent pour les
aider à retenir leur proie. Comme les autres reptiles, ils peuvent passer un temps considérable sans
manger ; on en a vu qui pendant six mois n'ont pris
aucune nourriture.

LE LÉZARD VERT

Quoique Linné, dans ses classifications des amphibies et des reptiles, ait confondu le lézard vert
avec le précédent dans les caractères génériques, et
n'en ait fait qu'une simple variété, la plupart des
erpétologistes en ont fait une espèce bien distincte :
sa couleur verte, sa taille constamment plus grande,
ses habitudes particulières semblent l'exiger.

On trouve un grand nombre de variétés dans l'espèce déterminée du lézard vert ; mais nous rencontrons fréquemment dans toute la France un lézard
qu'on peut regarder comme le type de l'espèce : sa

tête a des points blancs brodés de brun; le dessus de son corps est d'un vert tirant sur le bleu et piqueté de noir.

Le lézard vert est remarquable par la beauté et l'éclat de son vêtement; il court avec beaucoup de rapidité, et la promptitude avec laquelle il s'élance au milieu des broussailles et des feuilles sèches excite un bruit qui fait naître, parce que souvent on ne s'y attend pas, une émotion de crainte ou de frayeur. Il saute très fort, se défend très hardiment contre les chiens qui l'attaquent, se jette même à leur museau, qu'il mord avec tant d'opiniâtreté, qu'il se laisse tuer plutôt que de lâcher prise; mais sa morsure n'est pas venimeuse, comme on le croit vulgairement. Ses habitudes générales, sa manière de vivre ressemblent beaucoup à celles du lézard gris; il se bat quelquefois contre les serpents; mais le combat se termine rarement à son avantage; les Africains se nourrissent de sa chair; les habitants du Kamtchatka les regardent comme des envoyés des puissances infernales, et s'empressent de couper en morceaux ceux qu'ils rencontrent et qu'ils peuvent saisir; s'ils les laissent échapper, leur frayeur augmente, et ils croient continuellement être sur le point de mourir.

On trouve encore en France, outre le *lézard vert ordinaire*, le *grand lézard vert ocellé*, le *vert piqueté*, le *vert et brun des souches*.

LE DRAGON

A ce nom de *dragon*, l'on conçoit toujours une idée extraordinaire. La mémoire rappelle avec promptitude tout ce qu'on a lu, tout ce qu'on a ouï dire sur ce monstrueux animal; mais, sans nous arrêter à de vaines chimères enfantées par les illusions de l'imagination, examinons les faits. A la place d'un être fantastique, que trouvons-nous dans la réalité? Un animal aussi petit que faible, un lézard innocent et tranquille, un des moins armés de toute la tribu, et qui, par une conformation singulière, a la facilité de se transporter avec agilité, et de voltiger, pour ainsi dire, de branche en branche dans les forêts qu'il habite. Ces espèces d'ailes ou membranes alaires sont soutenues par les six premières fausses côtes, qui n'entourent pas l'abdomen, mais qui s'étendent horizontalement en ligne droite. Ces appendices ne dépendent point des membres et ont un mouvement spécial indépendant du leur, à l'aide d'un appareil musculaire particulier. L'animal s'en sert comme d'un parachute destiné à le soutenir en l'air pendant quelques instants, plutôt qu'à le transporter à quelque distance.

Bien différent du dragon de la Fable, il passe innocemment sa vie sur les arbres, où il vole de branche en branche, cherchant les fourmis, les mouches, les papillons et les autres insectes qui font sa nourriture.

L'IGUANE

Les caractères génériques de l'iguane sont ainsi tracés par Cuvier dans ses classifications des reptiles : Les iguanes ont le corps et la queue couverts de petites écailles redressées, comprimées et pointues, et sous la gorge un fanon comprimé et pendant, dont le bord est soutenu par une production cartilagineuse de l'os hyoïde. Chaque mâchoire est armée de dents aplaties, triangulaires, à tranchant denticulé; il y en a aussi deux petites rangées au bord postérieur du palatin.

L'iguane a des mœurs très douces et ne cherche jamais à nuire. Il ne se nourrit que de végétaux et d'insectes. Dans les premiers jours de printemps il aime surtout à manger les fleurs et les jeunes feuilles des arbres; plus tard son régime devient plus exclusivement insectivore.

Les iguanes se retirent dans les creux de rocher ou dans des trous d'arbre. On les voit s'élancer avec une agilité surprenante jusqu'au plus haut des branches, autour desquelles ils s'entortillent de manière à cacher leur tête au milieu des replis de leur corps. Lorsqu'ils sont repus, ils vont se reposer sur les rameaux qui avancent au-dessus de l'eau. C'est ce moment qu'on choisit au Brésil pour leur faire la chasse. Leur douceur naturelle, jointe peut-être à l'espèce de torpeur à laquelle les lézards sont sujets, ainsi que les serpents, lorsqu'ils ont avalé une grande quantité de nourriture, leur donne cette sorte d'apathie et de tranquillité remarquée par les voyageurs, et avec laquelle ils voient approcher le danger sans chercher à le fuir, quoiqu'ils soient naturellement très agiles. On a de la peine à les tuer, même à coups de fusil; mais on les fait périr très vite en enfonçant un poinçon ou seulement un tuyau de paille dans leurs naseaux; on en voit sortir quelques gouttes de sang et l'animal expire.

La stupidité que l'on a reprochée aux iguanes, ou plutôt leur confiance aveugle, presque toujours le partage de ceux qui ne font point de mal, va si loin, qu'il est très facile de les prendre en vie. Dans plusieurs contrées de l'Amérique, on les chasse avec des chiens dressés à les poursuivre;

mais on peut aussi le prendre aisément au piège. Ce qui prouve bien que la stupidité de l'iguane n'est pas si grande qu'on le dit, c'est que, lorsque sa confiance est trompée, et qu'il se sent pris, il a recours à la force, dont il ne voulait pas user. Il s'agite avec violence, il ouvre la gueule, roule des yeux étincelants ; il gonfle sa gorge ; mais ses efforts sont inutiles ; le chasseur parvient bientôt à lui attacher les pattes et à lui lier la gueule de manière que ce malheureux animal ne puisse ni se défendre ni s'enfuir.

On peut le garder plusieurs jours en vie sans lui donner aucune nourriture. La contrainte semble d'abord le révolter ; il est fier ; il paraît méchant ; mais bientôt il s'apprivoise. Il demeure dans les jardins, il passe même la plus grande partie du jour dans les appartements. Il vit parfaitement tranquille et devient familier.

On ne doit pas être surpris de l'acharnement avec lequel on poursuit cet animal doux et pacifique, qui ne cherche que quelques feuilles inutiles ou quelques insectes malfaisants, qui n'a besoin pour son habitation que de quelque trou de rocher, ou de quelques branches presque sèches, et que la nature a placé dans les grandes forêts du nouveau monde : sa chair est excellente à manger, et dans certaines contrées où l'animal est plus rare, on le sert sur les meilleures tables.

Les principales espèces sont, outre l'*iguane* ordinaire d'*Amérique*, dont nous venons de citer l'histoire, l'*iguane ardoisé*, l'*iguane à col nu*, l'*iguane cornu* de Saint-Domingue et l'*iguane à queue armée* de la Caroline.

LE BASILIC

L'imagination des hommes a représenté le *basilic* sous les formes les plus terribles, et l'a doué des facultés les plus étonnantes. C'est ainsi qu'on le

Le basilic.

représentait avec un corps de serpent, des membres bizarrement attachés au tronc, des yeux si perçants qu'ils donnaient la mort. Mais l'observation a fait disparaître tous ces êtres fabuleux qui existaient partout, excepté dans la nature.

Le lézard basilic habite l'Amérique méridionale; il se distingue par une espèce de capuchon qui couronne sa tête; c'est de là que lui vient son nom de *basilic*, qui signifie *petit roi*. Ce saurien parvient quelquefois à une taille assez considérable: il a plus d'un mètre de longueur, en comptant depuis le museau jusqu'à l'extrémité de la queue. Il vit ordinairement sur les arbres, et, comme tous les lézards dont les doigts sont bien séparés et terminés par des ongles aigus, il grimpe avec une incroyable facilité. On dirait qu'il voltige de branche en branche, tant ses mouvements sont vifs et précipités.

Bien loin de tuer par son regard l'homme imprudent qui tomberait sous sa vue, on prétend qu'il aime à être regardé; il témoigne alors une sorte de satisfaction, se pare, pour ainsi dire, de sa couronne, agite mollement sa belle crête, la baisse, la relève, et, par différents reflets de ses écailles, renvoie aux yeux de celui qui l'examine de doux reflets de lumière.

LE CAMÉLÉON

Le nom de caméléon est devenu très célèbre. Depuis longtemps déjà il était l'emblème de la basse et vile flatterie, le miroir fidèle de l'intrigant et du courtisan. Les poètes, qui savent si bien s'emparer de tout ce qui est du domaine de l'imagination, se sont saisis de toutes les images fournies par des rapports qui, n'ayant rien de réel, pouvaient facilement être étendus. Écartons de l'histoire de cet animal toutes les qualités fabuleuses qu'on lui a attribuées, et faisons-le voir tel qu'il est.

On trouve des caméléons de plusieurs tailles assez différentes les unes des autres. Les plus grands n'ont guère plus de trente-sept centimètres de longueur totale. La peau du caméléon est parsemée de petites éminences comme le chagrin; elles sont très lisses, plus marquées sur la tête, et environnées de grains presque imperceptibles. Ses yeux sont gros et très saillants, et ce qui les distingue de ceux des autres quadrupèdes, c'est qu'au lieu d'une paupière qui puisse être baissée et levée à volonté, ils sont recouverts par une membrane chagrinée attachée à l'œil et qui en suit tous les mouvements. Cette membrane est divisée par une fente horizontale, au travers de laquelle on aperçoit une prunelle vive, brillante, et comme bordée de couleur d'or.

Non seulement le caméléon a les yeux enveloppés d'une manière qui lui est particulière, mais ils sont mobiles indépendamment l'un de l'autre; quelquefois il les tourne de manière que l'un regarde en arrière, et l'autre en avant. La distribution de ses doigts lui rend la station à terre très pénible, mais favorise, au contraire, l'action de grimper et de parcourir les branches des arbres. C'est ce qui fait que le caméléon vit de préférence dans les haies et sur les arbres, sur lesquels il peut encore se maintenir solidement à l'aide d'une queue prenante assez fortement musclée, comme celle des sapajous ou des singes du nouveau continent.

Le caméléon ne possède nullement cette activité et cette énergie que nous avons déjà eu l'occasion de remarquer dans plusieurs genres des sauriens. Il ne parcourt pas les rameaux des arbres sur lesquels il vit avec cette promptitude et cette surprenante vivacité qui semblent caractériser tous les animaux chasseurs. Blotti apathiquement sous une feuille ou sous une branche, il attend patiemment que les insectes qui forment sa proie viennent à sa portée. Ce naturel indolent et paresseux ne peut pas s'allier avec des mœurs cruelles : le caméléon est complètement inoffensif, et ne cause jamais aucun dégât sur les arbres qu'il habite.

La couleur naturelle du caméléon lorsqu'il est libre, sans inquiétude et se portant bien, est d'un brun vert, excepté dans quelques parties, qui offrent une nuance mêlée d'un brun rougeâtre ou de blanc gris. Mais son corps est susceptible d'avoir, suivant les circonstances, des modifications dans la couleur dominante, qui peut passer au vert de Saxe, au vert foncé et tirant sur le bleu, et au vert jaune. Voici comment on s'explique les changements de couleur dans la peau du caméléon. Son sang est d'un bleu violet; sa peau, ainsi que les tuniques de son corps, est jaune. Il en résulte que, suivant que la passion ou une impression quelconque fait passer plus de sang du cœur à sa surface et aux extrémités, le mélange du bleu, du vert et du jaune produit plus ou moins de nuances différentes à travers l'épiderme, qui est transparent.

Le caméléon jouit, à un très haut degré, du pouvoir d'enfler les différentes parties de son corps, et de leur donner par là un volume plus considérable. Il peut ensuite faire disparaître à volonté l'air qui distendait la peau de toutes les parties de son corps. Il paraît alors dans un état de maigreur si considérable, que l'on peut compter ses côtes, et que l'on distingue les tendons de ses pattes et toute la partie de l'épine du dos.

Cet animal, ainsi que les autres sauriens, peut vivre près d'un an sans manger, et c'est vraisemblablement ce qui a fait dire aux anciens qu'il ne se nourrissait que d'air.

LES SEPS, LES BIPÈDES ET LES BIMANES

En terminant cet ordre des sauriens, nous trouvons des genres bien remarquables par les profondes modifications qu'ils ont reçues dans leurs organes de locomotion. Les véritables lézards nous ont offert ces organes assez bien développés, munis d'un appareil musculaire assez compliqué et doué d'une vive énergie, comme le prouvent la vivacité et la multiplicité extrême de leurs mouvements. Les reptiles qui nous restent à examiner pour finir l'ordre des sauriens forment une transition admirablement continue avec les ophidiens, qui composent l'ordre suivant. Leurs pieds disparaissent presque entièrement, et leurs corps, s'allongeant, leur donnent de grands rapports de ressemblance avec les vrais serpents. Les mœurs dépendent toujours de l'organisation, et en sont la traduction extérieure, parce que les besoins sont nécessités par des appareils organiques qui les produisent. Les habitudes de ces singuliers reptiles doivent tenir des sauriens et des ophidiens, et c'est, en effet, ce que l'observation nous a fait reconnaître.

TROISIÈME ORDRE DES REPTILES

LES OPHIDIENS, OU LES SERPENTS

Les ophidiens forment un ordre parfaitement caractérisé extérieurement par l'absence des membres et par la forme allongée du corps; ce sont, de tous les animaux que nous examinons, ceux qui méritent le mieux le nom de reptiles, parce que leur locomotion ne peut avoir lieu que par la reptation au moyen des ondulations que leur corps trace sur le sol. Ces animaux ont un appareil moteur particulier doué d'une vive énergie, puisque les serpents glissent sur la terre avec une très grande rapidité, et s'élancent quelquefois, avec la promptitude d'une flèche lancée vigoureusement, sur leur proie ou sur leurs ennemis.

De tous les reptiles ce sont certainement ceux qui sont le plus à craindre, et ce sont de tous les animaux ceux qui inspirent à l'homme le plus de frayeur. La seule pensée de la vipère, le léger bruit que fait naître un serpent qui glisse furtivement sur des feuilles desséchées suffit pour faire tressaillir le plus courageux. Tous les serpents cependant ne sont pas dangereux, car tous n'ont pas reçu ce venin terrible qui rend si redoutables ceux qui le possèdent; le plus grand nombre même en a été dépourvu. Nous examinerons l'appareil sécréteur du venin, en étudiant les caractères propres des vipères en général.

On a partagé l'ordre des ophidiens en trois familles principales : les *orvets* ou *anguis*, les *couleuvres*, et les *vipères*.

Iʳᵉ FAMILLE DES OPHIDIENS

LES ORVETS OU ANGUIS

Ces ophidiens ressemblent aux derniers que nous avons vus : ce sont des sauriens auxquels on aurait retranché les pattes. Ils sont caractérisés à l'extérieur par des écailles imbriquées qui les recouvrent entièrement.

L'orvet est commun dans beaucoup de pays, et a donné lieu à plusieurs fables assez répandues dans le peuple. On a dit qu'il était aveugle et très méchant ; ces deux défauts cependant lui ont été attribués mal à propos ; car l'orvet a des yeux très brillants, quoique plus petits que ceux des autres serpents, et des mœurs très douces et tout à fait innocentes. Les dents qui garnissent ses mâchoires sont peu développées, dirigées vers le gosier, et nullement propres à inoculer du venin. Les expériences que quelques naturalistes ont faites à ce sujet ne laissent aucun doute sur l'innocuité parfaite de ces reptiles.

Lorsque la crainte ou la colère contraint l'orvet à se raidir en tendant tous les muscles de son corps, celui-ci devient cassant au moindre choc et se sépare facilement en plusieurs portions : c'est ce qui lui a valu le nom de *fragile* (anguis fragilis) que Linné lui a donné.

L'orvet se nourrit de vers, d'insectes, de grenouilles, de petits rats et même de crapauds ; il les avale le plus souvent sans les mâcher, en distendant outre mesure les ligaments élastiques qui attachent les deux mâchoires. Malgré leur avidité naturelle, les orvets peuvent rester un très grand nombre de jours sans prendre de nourriture; un naturaliste en a conservé un vivant pendant cinquante jours sans lui donner à manger.

L'orvet habite ordinairement sous terre, dans des trous qu'il creuse ou qu'il agrandit avec son museau; mais, comme il a besoin de respirer l'air extérieur, il quitte souvent sa retraite.

IIᵉ FAMILLE DES OPHIDIENS

LES COULEUVRES OU SERPENTS NON VENIMEUX

Les principaux caractères de ces ophidiens sont tirés de la disposition et de la conformation des écailles et des dents. Leur bouche est armée de deux rangées de dents aiguës et recourbées, mais non percées pour inoculer du venin, et leurs écailles sont modifiées sous l'abdomen et la queue en espèce de plaques de formes et de dimensions variables. Les distinctions spécifiques et même génériques appuyées sur ces caractères sont très difficiles à saisir.

On distingue deux genres principaux, les *boas* et les *couleuvres* proprement dites.

LES BOAS

Les plus grands serpents connus appartiennent à ce genre; certaines espèces atteignent dix et même treize mètres de longueur, et parviennent à avaler des cerfs, et même, à ce que l'on assure, des bœufs. Ils sont dépourvus de venin; mais ils n'en sont pas moins à craindre, à cause de leur agilité et de leur

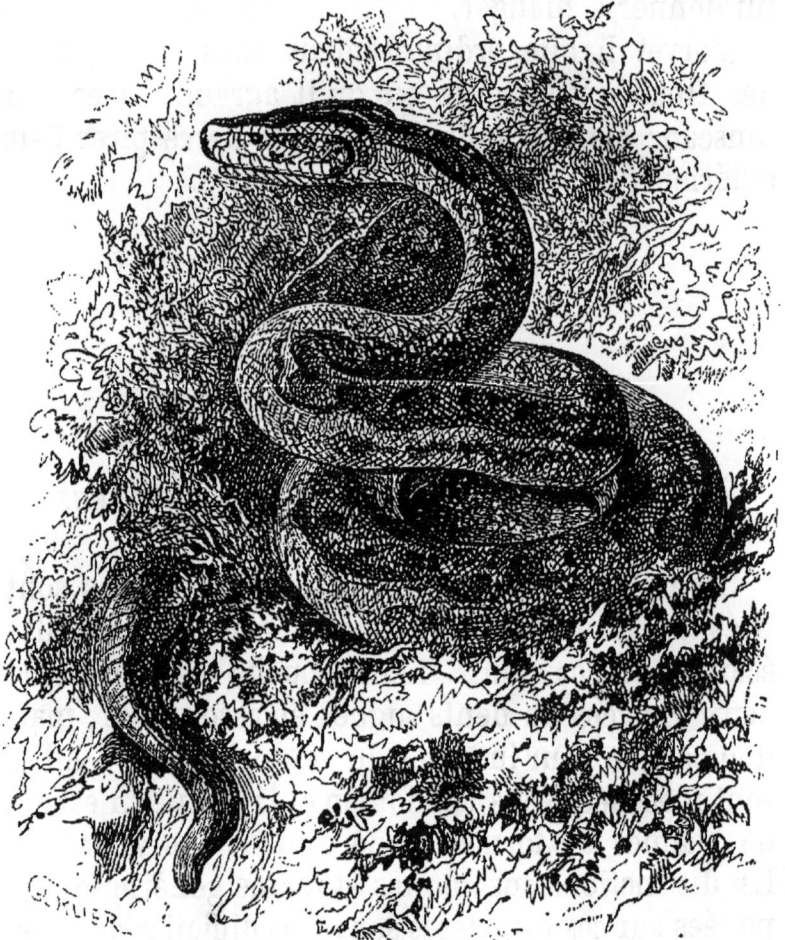

Le boa.

force prodigieuse. Tapi sous l'herbe, ou suspendu par la queue aux branches des arbres dans un lieu de passage ou sur le bord d'un ruisseau, le boa attend à l'affût l'occasion de saisir sa proie, qu'il entoure de ses replis et serre si fortement, que l'animal

est bientôt étouffé et ses os broyés. Quand le serpent
a, pour ainsi dire, pétri sa victime, il l'enduit de
sa bave, et, dilatant énormément ses mâchoires, il
l'avale lentement. On assure qu'il lui faut quelquefois plusieurs jours pour avaler en entier l'animal
dont il se repaît ainsi, et qu'une portion de celui-ci
est déjà digérée avant que le tout soit entré dans la
gueule du reptile. Après un repas semblable, les boas
demeurent immobiles dans quelque endroit écarté,
et exhalent une odeur fétide. Il est alors facile de
les tuer, et il paraît que leur chair n'est pas un aliment désagréable; car certaines peuplades indiennes
s'en nourrissent. Pendant longtemps la plus grande
confusion a régné dans l'histoire de ces grands serpents, que l'on confondait avec quelques autres
grandes espèces; le boa le plus célèbre a été nommé
devin ou *divin*, à cause des honneurs que les peuples
sauvages lui rendaient; on l'appelle encore *boa
constrictor*, à cause de la coutume que nous avons
fait connaître. Sa patrie est le nouveau monde;
d'autres espèces habitent l'Afrique et l'Asie.

LA COULEUVRE A COLLIER

La couleuvre à collier se trouve dans toute l'Europe et se plaît surtout dans les lieux humides, ainsi
qu'au milieu des eaux; c'est ce qui lui a fait donner
par plusieurs naturalistes les noms de *serpent d'eau*,
de *serpent nageur*, d'*anguille de haie*. Ce serpent
parvient quelquefois à la longueur de un mètre à
un mètre trente-trois centimètres. Il est très facile
de distinguer cette couleuvre de la vipère, à la tache
jaunâtre qui enveloppe le cou en guise de collier, et
qui a fait donner le nom à cette espèce.

La couleuvre à collier ne renferme aucun venin; on peut la manier sans danger; elle ne fait aucun effort pour mordre; elle se défend seulement en agitant rapidement sa queue, et elle ne refuse pas de jouer avec les enfants. On la nourrit dans les maisons, où elle s'accoutume si bien à ceux qui la soignent, qu'au moindre signe elle s'entortille autour de leur bras, de leur cou, et les presse mollement comme pour leur témoigner une sorte de tendresse et de reconnaissance. Elle s'approche avec douceur de la bouche de ceux qui la caressent, elle suce leur salive, et aime à se cacher sous leurs vêtements.

Il arrive cependant quelquefois que lorsque la couleuvre à collier est devenue très forte, et qu'au lieu d'avoir été élevée en domesticité elle a vécu dans les champs et à l'état sauvage, elle perd un peu de sa douceur, et que, si on l'irrite, elle anime ses yeux, agite sa langue se redresse avec vivacité, fait claquer ses mâchoires, et serre fortement avec ses dents la main qui cherche à la saisir.

La couleuvre à collier rampe sur la terre avec une très grande vitesse; elle nage aussi, mais avec plus de difficulté qu'on ne l'a cru. Pendant que l'été règne, ce serpent vit souvent dans les endroits humides, ainsi que nous l'avons déjà dit; mais on le trouve quelquefois dans les buissons; d'autres fois il se place sur les branches seches et élevées des chênes, des saules, des érables, sur les saillies des vieux bâtiments, sur tous les endroits exposés au midi, et où le soleil donne avec plus de force; il s'y replie en divers contours, ou s'y allonge avec une sorte de volupté, toujours cherchant les rayons de l'astre de la lumière, toujours paraissant se pénétrer avec délices de sa chaleur bienfaisante. Mais lorsque la fin de l'automne arrive, il se rapproche des lieux moins froids, se blottit dans quelque trou pour passer l'hiver dans l'engourdissement.

La couleuvre à collier se nourrit d'herbes, d'insectes, et quelquefois de lézards, de grenouilles et de petites souris.

———————

IIIᵉ FAMILLE DES OPHIDIENS

LES VIPÈRES OU SERPENTS VÉNIMEUX

Les serpents venimeux, ou à crochets isolés, ont reçu une structure très particulière dans leurs organes de la manducation.

Leurs os maxillaires supérieurs sont fort petits, portés sur un long pédicule, et très mobiles; il s'y fixe une dent aiguë, percée d'un petit canal qui donne issue à une liqueur sécrétée par une glande considérable placée sous l'œil. C'est cette liqueur qui, versée dans la plaie par la dent, porte le ravage dans le corps des animaux, et y produit des effets plus ou moins funestes, selon l'espèce qui l'a fournie. Cette dent se cache dans un repli de la gencive quand le serpent ne veut pas s'en servir, et il y a derrière elle plusieurs germes destinés à se fixer à leur tour pour la remplacer, si elle se casse dans une plaie. Les naturalistes ont nommé les dents venimeuses *crochets mobiles;* mais c'est proprement l'os maxillaire qui se meut, il ne porte point d'autres dents; en sorte que, dans cette espèce de serpents malfaisants, on ne voit dans le haut de la bouche que les deux rangées de dents palatines.

Toutes ces espèces venimeuses, dont on connaît

bien le mode de reproduction, font des petits vivants, parce que les œufs éclosent avant d'avoir été émis au dehors : c'est ce qui leur a fait donner en général le nom de *vipères*, contraction de *vivipares*.

On distingue dans cette famille surtout deux genres, les *crotales* et les *vipères*.

LE CROTALE OU SERPENT A SONNETTES

Le serpent à sonnettes parvient quelquefois à la longueur de deux mètres, et sa circonférence est alors de cinquante centimètres. Ce qui distingue le mieux ce reptile, c'est l'instrument bruyant qu'il porte au bout de la queue, et qui lui a valu sa dénomination. Cet instrument est formé de plusieurs cornets écaillés emboîtés lâchement les uns dans les autres, qui se meuvent et résonnent quand l'animal rampe ou qu'il remue la queue. Il paraît que le nombre des cornets croît avec l'âge, et qu'il en reste un de plus à chaque mue. Le bruit des sonnettes du crotale peut s'entendre à une distance de vingt mètres, et il serait à désirer qu'on pût l'entendre de plus loin encore, afin que son approche, étant moins imprévue, fût aussi moins dangereuse. Ce serpent est, en effet, d'autant plus à craindre, que ses mouvements sont souvent très rapides; en un clin d'œil il se replie en cercle, s'appuie sur sa queue, se précipite comme un ressort qui se débande, tombe sur sa proie, la blesse, et se retire pour échapper à la vengeance de son ennemi.

Ce funeste reptile habite presque toutes les contrées du nouveau monde, depuis la terre de Magellan jusqu'au lac Champlain, vers le 45º degré

de latitude septentrionale. Il régnait, pour ainsi
dire, au milieu de ces vastes contrées, où les anciens
Américains, retenus par une crainte superstitieuse,
redoutaient de lui donner la mort, mais, encoura-

Le serpent à sonnettes.

gés par l'exemple des Européens, ils ont bientôt
cherché à se débarrasser de cette espèce terrible.
Chaque jour les arts et les travaux, purifiant et fer-
tilisant de plus en plus ces terres nouvelles, ont
diminué le nombre des serpents à sonnettes, et

l'espace sur lequel ces funestes reptiles exerçaient leur domination se réduit à mesure que l'empire de l'homme s'étend par la culture.

Le crotale se nourrit de lombrics, de grenouilles, de lièvres et d'autres petits quadrupèdes. On a répandu, au sujet de l'éclat de ses yeux et de la fixité de son regard, des récits fabuleux de fascination et de charme : on a dit que le serpent à sonnettes avait la faculté d'enchanter l'animal qu'il voulait dévorer; que par la puissance de son regard il le contraignait de s'approcher peu à peu et de se précipiter dans sa gueule; que l'homme ne pouvait résister à la force magique de ses yeux étincelants, et que, plein de trouble, il se présentait à la dent empoisonnée du reptile, sans pouvoir l'éviter.

Pendant l'hiver des contrées un peu éloignées de la ligne, les crotales se retirent en grand nombre dans des cavernes, où ils sont presque engourdis et dépourvus de force : c'est alors que les naturels du pays osent pénétrer dans leur repaire pour les détruire. Lorsque, dans les premiers jours du printemps, le soleil darde des rayons vifs et purs, les crotales sortent de leurs retraites pour s'exposer à la chaleur bienfaisante pendant le jour, et ils regagnent leur retraite pendant la nuit. C'est encore quand ces animaux quittent leurs cavernes pour venir se chauffer et se ranimer au soleil qu'on en fait une grande destruction.

Mais, quand la chaleur brûlante de l'été a rendu au crotale sa vigueur et sa vivacité ordinaires, malheur à ceux qui se présentent imprudemment à sa rencontre! malheur encore à ceux qui naviguent sur de petits bâtiments auprès des plages qu'il fréquente! Il s'élance sur les ponts peu élevés avec la rapidité d'une flèche : et quel état affreux que celui où tout espoir de fuir est interdit, où la moindre morsure de l'ennemi qu'on doit combattre donne la mort la plus prompte, où il faut vaincre en un instant, ou périr dans des tourments horribles ! Ce terrible reptile renferme, en effet, un poison mortel, et il n'est peut-être aucune espèce de serpent qui contienne un venin plus actif.

Le premier effet du poison est une enflure générale ; bientôt la bouche s'enflamme et ne peut plus contenir la langue, devenue trop gonflée ; une soif dévorante consume, et si l'on cherche à l'étancher, on ne fait que redoubler les tourments de son agonie ; les crachats sont ensanglantés, les chairs qui environnent la plaie se corrompent et se dissolvent en pourriture, surtout si c'est pendant l'ardeur de la canicule, et l'on meurt quelquefois en cinq à dix minutes, dans les convulsions les plus effrayantes. Les Indiens ont découvert un remède contre la morsure de ce terrible animal ; mais la mort survient trop souvent avant qu'on puisse y avoir recours.

LA VIPÈRE COMMUNE

La vipère commune est longue d'environ trente-trois centimètres sur vingt-sept millimètres de diamètre ; le fond de sa couleur varie ; il est en général d'un gris brun, ou d'un cendré bleuâtre sur la partie supérieure du corps. Le dos est couvert d'une double rangée de taches noirâtres transversales ; et sur la tête on voit ordinairement une tache brune en forme de V ouvert aux deux bouts.

La vipère commune se trouve dans toutes les contrées de l'Europe, mais principalement dans les pays montagneux; elle se trouve en plus grande quantité dans les départements méridionaux de la France que dans ceux du Nord.

On confond ordinairement la vipère avec l'aspic, qui ne paraît en être qu'une simple variété. Du reste, l'aspic commun de nos contrées diffère essentiellement de l'aspic des anciens, de la vipère d'Égypte.

Le poison de la vipère est contenu dans une vésicule placée de chaque côté de la tête, au-dessous du muscle de la mâchoire supérieure : le mouvement du muscle, pressant cette vésicule, en fait sortir le venin, qui arrive par un conduit à la base de la dent, et est versé dans la plaie par le canal qui la traverse. Comme cet animal fait souvent ressortir sa langue fourchue, surtout lorsqu'il est irrité, qu'il l'agite et la darde avec beaucoup de vivacité, on a cru qu'elle était le siège du venin, et une partie molle, incapable de nuire, a été transformée en une flèche empoisonnée; ses grosses dents sont les seules armes que l'on doive appréhender.

Dans quelques animaux, il sort de la blessure, aussitôt qu'elle est faite, un sang noir et livide; dans d'autres, au contraire, le sang qui sort conserve sa couleur rouge; quelquefois aussi le venin sort avec le sang. Cet écoulement est toujours à souhaiter; car, quoiqu'il ne guérisse pas toujours radicalement, il soulage beaucoup et diminue considérablement l'intensité du venin. La morsure de la vipère, surtout quand elle est parvenue à un âge assez avancé et qu'elle est vivement irritée, peut devenir mortelle pour l'homme même. Mais, dans les circonstances ordinaires, son venin n'est pas assez abondant pour causer la mort, et produit seulement des troubles plus ou moins graves, suivant la partie qui a été blessée et suivant d'autres circonstances particulières. On a cherché beaucoup de remèdes pour guérir un mal si terrible et si dangereux ; mais on n'a pu encore en trouver d'infaillible. On peut faire une ligature fortement serrée au-dessus de la plaie du côté du tronc, verser sur la blessure quelques gouttes d'alcali volatil étendu d'eau, et en prendre à l'intérieur cinq ou six gouttes dans un verre d'eau. Il paraît qu'on a obtenu souvent de bons résultats de ce traitement si simple.

QUATRIÈME ORDRE DES REPTILES

LES BATRACIENS, OU LES GRENOUILLES

Ce quatrième ordre de reptiles termine très naturellement la classe qui nous occupe maintenant, et forme une transition non interrompue avec les poissons, parce que, dans leur jeune âge, les batraciens respirent tous par des branchies analogues· à celles des poissons. Ces reptiles subissent dans les premiers temps de leur existence de véritables métamorphoses, et c'est en passant de leur première forme à celle qu'ils devront conserver pendant le reste de leur vie, qu'ils perdent leurs branchies pour prendre des poumons et une organisation plus en rapport avec celle de tous les autres reptiles. Dans leur premier état, les batraciens sont désignés sous le nom de *têtards*.

Comme le système circulatoire se trouve dans des rapports intimes avec celui de la respiration, il éprouve les mêmes modifications que les premiers. C'est dans cet ordre que nous trouvons les véritables animaux amphibies, c'est-à-dire pouvant également respirer dans l'air atmosphérique et dans l'eau. En effet, les *sirènes* conservent toujours leurs branchies, au moyen desquelles elles peuvent séparer de l'eau l'oxygène qui s'y trouve dissous, et qui est indispensable au renouvellement du sang; et elles possèdent en même temps de véritables poumons pouvant respirer l'air ordinaire, et par ce moyen hématoser leur sang veineux avec la même facilité, dans quelque milieu que les circonstances les portent. Nous pouvons voir ici que la dénomination d'amphibies, conservée encore vulgairement à un grand nombre d'animaux, est dénuée de fondement et peu rationnelle, puisque tous ceux auxquels on l'a appliquée peuvent seulement respirer l'air atmosphérique, et sont asphyxiés dans l'eau plus ou moins promptement.

Les batraciens des régions tempérées soumis à un froid assez intense s'engourdissent profondément, et passent toute la saison rigoureuse dans le sommeil hivernal, cachés dans la vase des marécages. Aux premières lueurs d'un soleil plus ami, ils secouent ce pesant sommeil et viennent reprendre la vie et la légèreté à son influence bienfaisante.

On divise cet ordre en plusieurs genres, dont les plus remarquables sont les *grenouilles*, les *crapauds*, les *raines* ou *rainettes*, les *salamandres* et les *sirènes*.

LES GRENOUILLES

Si les grenouilles ont plusieurs points de ressemblance avec les crapauds, ces êtres qui nous inspirent une horreur dont souvent nous ne pouvons

nous défendre, elles ont cependant plusieurs caractères qui les en éloignent, et elles ne doivent point
partager leur disgrâce. On chercherait en vain dans
les crapauds cette forme svelte et élancée, ces

La grenouille.

membres déliés et souples, les couleurs variées et
comme brillantes que la nature a accordés aux grenouilles. Les grenouilles, loin d'être bassement
accroupies dans la boue, ne vont que par sauts
très élevés, leurs pattes postérieures se pliant et se

débandant comme un ressort. L'élasticité et la sensibilité de ces animaux sont telles, qu'on ne peut les saisir sans que leur corps prenne toutes les courbures, fasse tous les mouvements nécessaires pour se débarrasser; elles cherchent l'élément de l'air, et leur plus grand plaisir est de jouir de la lumière, surtout lorsqu'elles y sont invitées par la clarté brillante et pure de l'astre du jour. « Qu'est-ce qui pourrait donc faire regarder avec peine, dit M. de Lacépède dans son *Histoire des reptiles*, un être dont la tête est légère, le mouvement preste, l'attitude gracieuse? Ne nous interdisons pas un plaisir de plus; et lorsque nous errons dans nos belles campagnes, ne soyons pas fâchés de voir les rives des ruisseaux embellies par les couleurs de ces animaux innocents, et animées par leurs sauts vifs et légers; contemplons leurs petites manœuvres; suivons-les des yeux au milieu des étangs paisibles, dont ils diminuent si souvent la solitude sans en troubler le calme; voyons-les montrer sous les nappes d'eau les couleurs les plus agréables, fendre en nageant ces eaux tranquilles, souvent même en rider la surface, et présenter les douces teintes que donne la transparence des eaux. »

Ces animaux sont voraces; ils avalent souvent des animaux plus considérables qu'eux, de petits oiseaux, de jeunes souris, etc.; mais leur nourriture ordinaire consiste en larves d'insectes aquatiques que leur langue retient facilement, parce qu'elle est enduite d'une mucosité gluante. Il paraît cependant que la grenouille a encore, malgré sa voracité, son ardeur à se jeter sur sa proie, une sorte de délicatesse dans son goût, ne saisissant que les corps en mouvement, ou les animaux dont les cadavres ne sont pas putréfiés.

Dès que le printemps est de retour, la grenouille se plaît, surtout la nuit, à jeter un cri souvent répété, composé de tons rauques, de sons discordants, et d'autant plus désagréables, qu'ils sont produits par plusieurs de ces animaux à la fois ; ces clameurs rudes et fatigantes sont connues sous le nom de coassement.

Les grenouilles doivent vivre assez longtemps ; on peut tirer cette induction de la ténacité de leur vie.

Outre les serpents d'eau, plusieurs poissons, les oiseaux de rivage, différents quadrupèdes, les grenouilles ont pour ennemi l'homme, auquel leur chair fournit un mets assez estimé de quelques personnes.

Les principales espèces de grenouilles sont : la *grenouille commune*, la *grenouille rousse*, la *grenouille mugissante*, la *grenouille grognante*, la *grenouille criarde*.

LES RAINES OU RAINETTES

Les *raines*, connues plus communément sous le nom de *rainettes*, ont plusieurs points de ressemblance avec les grenouilles que nous venons d'examiner ; mais, outre que leur corps est moins allongé, presque de forme triangulaire, que leurs pattes postérieures sont plus développées et rendent ces animaux plus agiles, elles présentent un caractère net et tranché dans la disposition des doigts aux quatres membres : les doigts ne finissent jamais en pointe, mais sont terminés par une espèce de ventouse visqueuse destinée à favoriser leur station sur les branches des arbres. Les pattes antérieures ont seulement quatre doigts, tandis que les postérieures en ont cinq.

Les rainettes sont très agiles, et ont des mouvements très prompts et très déliés. Elles passent la belle saison au milieu des bois, dans les jardins ombragés, posées sur une branche, et même quelquefois sur la surface inférieure d'une feuille. Considérées sous quelques rapports, les raines sont dans cette section des batraciens ce que sont les iguanes, les caméléons, dans celle des sauriens; elles fréquentent comme eux les haies, les arbres, et s'y tiennent tranquilles, soit pour se soustraire aux regards de leurs ennemis, soit pour y attendre patiemment leur proie.

Les développements ou métamorphoses des rainettes diffèrent peu de celles des grenouilles.

Les rainettes ne vivent dans les bois que pendant les saisons chaudes ou tempérées de l'année. L'hiver leur commande la retraite. Elles se tapissent au fond des eaux, dans le limon des marécages, et y demeurent engourdies jusqu'à l'arrivée du printemps. Dès le mois d'avril ou de mai, on commence à entendre les sons rauques et coupés de leur voix étrange.

Les espèces les plus remarquables sont : la *rainette verte* ou *commune*, la *rainette patte d'oie*, la *rainette bicolore* et la *rainette à tapirer*.

LE CRAPAUD

On ne peut prononcer le nom de crapaud sans retracer le souvenir d'une image dégoûtante, sans produire une espèce d'horreur. On le regarde comme un être vicié dans toutes ses parties, que la nature a traité de la manière la plus défavorable. S'il a des pattes, elles n'élèvent pas son corps disproportionné au-dessus de la fange qu'il habite; s'il a des yeux, ce n'est point en quelque sorte pour recevoir une lumière qu'il fuit; mangeant des herbes puantes ou vénéneuses, caché dans la vase, tapi sous des tas de pierres, retiré dans des trous de rochers, sale dans son habitation, dégoûtant par ses habitudes, difforme dans son corps, obscur dans ses couleurs, infect par son haleine, ne se soulevant qu'avec difficulté; ouvrant, lorsqu'on l'attaque, une gueule hideuse; n'ayant pour toute puissance qu'une grande résistance aux coups qui le frappent, que l'inertie de la matière, que l'opiniâtreté d'un être stupide; n'employant d'autres armes qu'une liqueur fétide qu'il lance, que paraît-il avoir de bon, si ce n'est de chercher, pour ainsi dire, à se dérober à tous les yeux en fuyant la lumière du jour?

Les crapauds ont le corps ramassé, globuleux, couvert ordinairement de pustules, et n'ayant presque toujours que des teintes sombres et obscures. Leur peau est assez dure pour résister quelque temps à l'effort des corps aigus à l'aide desquels on cherche à les percer. Leurs yeux sont vifs et craignent la lumière du jour.

Les crapauds se nourrissent de vers, d'insectes, de limaces, de limaçons, etc.; mais c'est la nuit principalement qu'ils rôdent et vont à la poursuite de leur proie. On prétend qu'ils aiment la sauge et surtout la ciguë, qu'on a quelquefois appelée, à cause de cette particularité, le *persil des crapauds*.

Dans les climats dont la température est froide, ils passent l'hiver engourdis et cachés dans des trous ou sous des pierres ; ils s'y rassemblent même quelquefois plusieurs. Ils font entendre dès les premiers jours du printemps, et vers le couchant du soleil, un cri répété souvent et assez doux. Ils ont le sens de l'ouïe si fin, que, pour peu qu'on approche du lieu d'où est parti le son, ils gardent sur-le-champ le silence.

La grandeur des crapauds varie suivant les espèces et suivant les climats; ils sont beaucoup plus grands dans les pays chauds. On en trouve à la côte d'Or de si gros, qu'on les prendrait pour des tortues de terre. La chaleur paraît aussi donner plus d'âcreté à la liqueur qu'ils éjaculent en se défendant. On a quelquefois regardé cette liqueur comme très venimeuse, mais c'est une erreur; elle est seulement corrosive et caustique, et ne cause de douleur très sensible que quand elle parvient dans les parties du corps où, le tissu épidermique manquant, la peau devient plus facilement irritable.

Les principales espèces de crapauds sont: le *crapaud commun*, le *crapaud des joncs*, le *crapaud brun*, le *crapaud variable*, le *crapaud cornu* et le *crapaud à ventre jaune*, si commun dans toutes les eaux croupissantes.

LES SALAMANDRES

La salamandre terrestre est assez répandue dans presque toutes les parties de la France, où elle porte différents noms que le peuple lui a imposés, d'après les observations qui l'ont le plus frappé. Dans quelques contrées on la nomme *pluvine*, parce qu'elle se montre au dehors particulièrement quand il pleut, ou quand l'atmosphère est chargée d'une abondante humidité, et dans la plupart *sourd*, parce qu'elle semble privée de la faculté d'entendre.

L'histoire de la salamandre terrestre se trouve mêlée d'un grand nombre de faits fabuleux. C'est ainsi que les anciens prétendaient que la salamandre marche impunément au milieu des flammes, et qu'elle les éteint même sur son passage. Quelques auteurs ne se sont pas contentés d'une propriété déjà si merveilleuse, ils ont ajouté que la salamandre vivait dans le feu comme dans son élément propre.

On croyait encore que c'était un animal très redoutable : sa morsure donnait, disait-on, la mort comme celle de la vipère; et quelques auteurs n'ont pas craint d'écrire qu'un homme mordu par la salamandre devait, s'il voulait conserver quelque espoir de guérison, appeler autant de médecins que le reptile a de taches. Les auteurs qui donnaient de si salutaires conseils étaient sans doute médecins.

Toutes ces erreurs enfantées par une imagination égarée se sont transmises d'âge en âge, et n'ont disparu qu'au siècle dernier devant les expériences souvent réitérées de quelques naturalistes éclairés.

La salamandre terrestre est un animal innocent, doux, extrêmement craintif, dont l'amour du merveilleux a fait mal à propos un être extraordinaire par des qualités qui semblent tenir du prodige, et

La salamandre.

par l'effroi qu'elle inspirait; ses sensations sont obtuses, parce que les organes dont elles émanent sont imparfaits. Quoique ses yeux soient assez gros, la salamandre voit mal; aussi sa marche est-elle traînante, et elle se met rarement en mouvement.

On ne voit point au dehors d'oreilles apparentes; on remarque seulement de chaque côté, derrière les yeux, un groupe de petits trous semblables à des piqûres d'épingle qui, suivant toute probabilité, tiennent lieu des organes extérieurs de l'ouïe. Une peau nue, tantôt sèche, tantôt enduite d'une humeur épaisse et visqueuse, des pattes de crapaud, des doigts mousses, dénués d'ongles préservateurs, et presque sans mouvement, sont des moyens bien faibles de protection et de défense.

C'est dans les lieux frais et humides qu'elle fixe le séjour de son existence triste et peu active; on la trouve dans les caves où règne l'humidité, dans les masures, les décombres, et sous les tas de pierres amassées depuis longtemps dans les champs.

Outre la salamandre terrestre, dont la peau est couverte de taches nombreuses, on trouve encore dans nos contrées, au milieu des eaux dormantes, la *salamandre aquatique*, ou *triton à crête* (triton cristatus, Cuv.).

LA SIRÈNE

La sirène est très célèbre par la singulière propriété que nous avons déjà fait connaître d'avoir des organes doubles de respiration, des poumons et des branchies. Du reste, on ne connaît point les mœurs de cet animal, qu'on a observé dans les marais de la Caroline.

HISTOIRE NATURELLE

DES POISSONS

ICHTYOLOGIE

Les poissons forment la quatrième et dernière
classe des animaux vertébrés. Ces animaux, étant
destinés à passer leur vie dans un milieu particulier,
ont reçu dans toute leur organisation de profondes
et intimes modifications en rapport avec les circonstances indispensables à la vie animale, la respiration et la circulation. Ce sont les deux appareils
servant à l'accomplissement de ces deux grands
phénomènes qui doivent être examinés en premier
lieu. Les poissons ont besoin de respirer pour hématoser le sang veineux devenu impropre à la nutri-
tion, c'est-à-dire qu'il est nécessaire que l'oxygène
vienne dans un organe spécial se mettre en contact
avec le liquide sanguin pour lui rendre les qualités
artérielles. Le milieu qui presse et enveloppe les
poissons renferme en dissolution une certaine quantité d'air atmosphérique, et les poissons ont reçu
des appareils conformés de manière à pouvoir l'en
extraire facilement. Des *branchies* et vulgairement
les *ouïes* constituent les organes de la respiration ;
elles consistent en feuilles suspendues à des arceaux

qui tiennent à l'os hyoïde et recouverts d'un tissu d'innombrables vaisseaux sanguins. Leur cœur n'a qu'une seule oreillette et n'envoie que du sang veineux aux organes respiratoires, le sang qui a subi l'hématose dans les branchies entrant immédiatement dans un grand vaisseau dorsal, où il ne reçoit aucune impulsion nouvelle pour aller arroser tous les membres.

Cette circulation imparfaite fait que les poissons, de même que les reptiles, ont le sang froid, et en général l'irritabilité organique musculaire bien moins développée que tous les autres vertébrés.

Le squelette des poissons participe aux autres changements de structure, et admet de nombreuses variations dans la nature même de ses pièces, suivant les différentes espèces. C'est ainsi que chez la plupart le squelette devient ordinairement osseux, tandis que chez un certain nombre il reste fibro-cartilagineux, ou même purement cartilagineux ; enfin quelques espèces ont cette charpente beaucoup moins solide et simplement membraneuse : nous remarquerons ici en passant que cette structure anormale des os nous donne un passage bien naturel vers les animaux mous et invertébrés : tant il est vrai de dire que tout dans la nature forme une chaîne non interrompue !

Le squelette des poissons est très compliqué, au moins dans certaines de ses parties. Nous n'entrerons dans aucun détail à ce sujet, et nous dirons que les os sont en général flexibles par le peu de matière calcaire qu'ils renferment dans leurs tissus, que les tendons s'ossifient quelquefois, et constituent ce que vulgairement on appelle les *arêtes*. Nous considérerons rapidement le système tégumentaire particulier à ces animaux, et les nageoires, dont la disposition sert de point de comparaison pour établir les caractères distributifs des genres et des espèces.

La peau est nue quelquefois; mais presque toujours elle est couverte d'*écailles*. Quelquefois ces écailles ont la forme de grains rudes; d'autres fois ce sont des tubercules très gros, ou des plaques d'une épaisseur considérable; mais, en général, elles prennent l'aspect de lamelles fort minces, se recouvrant comme les tuiles d'un toit, par imbrication, et enchâssées dans les plis du derme. On peut les comparer aux ongles de l'homme; mais leur tissu renferme beaucoup plus de sels calcaires. Les écailles de poissons paraissent souvent ornées des couleurs métalliques les plus brillantes et des tons les plus moelleux; cet effet est dû au pigmentum sécrété par le derme, et visible au dehors par la transparence des écailles. C'est avec le pigmentum argenté ou nacré des ablettes, qu'on nomme quelquefois *essence de perle*, que l'on fait les fausses perles.

Quelques poissons sont privés de nageoires, et ne peuvent exécuter que quelques mouvements de reptation au fond des eaux; mais la plupart en ont reçu de bien conformées, et dans des dispositions si permanentes, qu'on en a tiré d'excellents caractères méthodiques. Des nageoires, les unes sont placées sur la ligne médiane du dos ou de l'abdomen, et par conséquent impaires; les autres, sur les parties latérales et disposées par paires. Ces dernières représentent les membres des autres animaux vertébrés; les membres antérieurs qui correspondent au bras de l'homme et à l'aile de l'oiseau, sont fixés de chaque côté du tronc, immédiatement derrière la tête, et sont appelés *nageoires pectorales*. Les membres abdominaux peuvent varier beaucoup par leur position

depuis le dessous de la gorge jusqu'à la région anale :
on les nomme *nageoires ventrales*. Les nageoires impaires occupent, comme nous venons de le dire,
la ligne médiane inférieure et supérieure du corps,
et se distinguent en *nageoires dorsales, anales* ou
caudales, suivant leur position. Du reste, toutes les
nageoires ont à peu près la même structure; elles
consistent dans un repli de la peau soutenu par des
rayons osseux ou cartilagineux, à peu près de la.
même manière que les ailes membraneuses des
chauves-souris et des dragons sont soutenus par les
doigts ou par les côtes de ces animaux.

Une particularité bien remarquable dans l'organisation des poissons, et qui leur rend la natation
beaucoup plus facile, c'est l'existence d'une *vessie
natatoire,* placée dans l'abdomen, sous l'épine dorsale. Ce réservoir à air communique avec l'œsophage
par un large canal par où l'air peut s'échapper à
l'extérieur suivant la volonté de l'animal. La présence de l'air dans l'intérieur de cette vésicule a
donné lieu à plusieurs explications qui sont venues
successivement se remplacer les unes les autres.
Aujourd'hui on pense que les parois de l'organe
offrent un tissu glandulaire, et qui a la propriété
de sécréter de l'air [1]. Cette propriété semble bien
extraordinaire, et, réunie à d'autres faits non moins
surprenants qui résultent de l'action de la vie dans
d'autres circonstances et chez d'autres animaux,
elle peut donner lieu à réfléchir sur plusieurs
principes de chimie touchant les corps gazeux ré-
putés simples.

---

[1] La vessie natatoire des poissons ne renferme pas d'air
atmosphérique pur, mais ordinairement de l'azote presque
sans mélange.

En passant à l'étude des sens et de leurs organes chez les poissons, nous sommes forcés de convenir que ces animaux ne doivent posséder que des sensations bien obtuses, parce que leurs organes sont fort imparfaits. A l'exception de l'appareil de la vision, qui est parfaitement disposé dans les rapports convenables avec le milieu qu'habitent les poissons, tous les autres organes des sens sont presque réduits à rien.

Toute la vie des poissons étant employée à pourvoir à leur nourriture et à fuir leurs ennemis, leurs facultés intérieures paraissent bien bornées, et ne donnent extérieurement lieu à aucune particularité de mœurs intéressante. Ce sont, de tous les animaux vertébrés, incontestablement les plus stupides.

Quelques genres de poissons pourraient nous présenter des migrations et de longs voyages aussi curieux que ceux des oiseaux. Nous aurons occasion d'en parler spécialement à l'article du hareng.

Le nombre des poissons est immense, et comme ils fournissent à l'homme un aliment agréable et sain, leur pêche est une branche d'industrie importante chez les peuples les plus sauvages, comme chez les nations les plus civilisées. A une époque qui n'est pas encore bien éloignée de celle où nous vivons, cette branche d'industrie occupait un cinquième de la population totale de la Hollande, et, pour la pêche des harengs seulement, ce pays couvrait de ses bâtiments les mers du Nord. En Angleterre elle fait subsister aussi un nombre considérable de bons et hardis matelots, et de même en France, où elle a moins d'importance, on compte de trente à quarante mille pêcheurs, dont près du tiers s'aventure jusque sur les côtes d'Islande et de Terre-Neuve.

DISTRIBUTION DES POISSONS EN DIFFÉRENTS ORDRES

La classe des poissons est de toutes celle qui offre le plus de difficultés quand on veut la subdiviser en ordres d'après des caractères fixes et sensibles. Après bien des efforts, Cuvier s'est déterminé pour la distribution suivante, qui, dans quelques cas, pèche contre la précision, mais qui a l'avantage de ne point couper des familles naturelles.

Les poissons forment deux séries distinctes, celle des *poisssons proprement dits,* et celle des *chondroptérygiens,* autrement dits *poissons cartilagineux.*

La dernière série se partage en trois ordres :

Les *cyclostomes,* dont les mâchoires sont soudées en un anneau immobile, et les branchies ouvertes par des trous nombreux : ex. lamproie.

Les *sélaciens,* qui ont les branchies des précédents, et non leurs mâchoires : ex. squale requin.

Les *sturéoniens,* dont les branchies sont ouvertes comme à l'ordinaire par une seule fente garnie d'un opercule : ex. esturgeon.

L'autre série, ou celle des *poissons ordinaires,* offre d'abord une première division dans ceux où l'os maxillaire et l'arcade palatine sont engrenés au crâne, c'est l'ordre des *plectognathes,* divisé en deux familles : les *gymnodontes* et les *sclérodermes :* ex. triodons et coffres.

On trouve ensuite des poissons à mâchoires complètes, mais où les branchies, au lieu d'avoir la forme de peignes, comme dans toutes les autres, ont celle de petites houppes, c'est l'ordre des *lozobranches :* ex. pégase.

Alors il reste une quantité innombrable de poissons auxquels on ne peut plus appliquer d'autres caractères que ceux des organes extérieurs du mouvement. Après de longues recherches, le savant naturaliste dont nous avons cité le nom précédemment a trouvé que le moins mauvais de ces caractères est encore celui qu'ont employé Rai et Artedi, tiré de la nature des premiers rayons de la nageoire dorsale et de la nageoire anale. On divise ainsi les poissons ordinaires en *malacoptérygiens*, dont tous les rayons sont mous, et en *acanthoptérygiens*, qui ont toujours la première portion de la dorsale, ou la première dorsale quand il y en a deux, soutenue par des rayons épineux.

Les premiers peuvent être subdivisés sans inconvénient d'après la position de leurs ventrales, tantôt situées en arrière de l'abdomen, tantôt suspendues en arrière de l'épaule, ou enfin manquant tout à fait. On arrive ainsi aux trois ordres des *malacoptérygiens abdominaux, subbrachiens* et *apodes*.

Cette base de division est absolument impraticable avec les *acanthoptérygiens*, et l'on ne peut qu'y laisser subsister les familles naturelles, assez précisées, il est vrai, par des caractères qui pourraient presque suffire pour déterminer des ordres. Au reste, on ne peut assigner aux familles des poissons des rangs aussi marqués qu'à celles des mammifères et des autres vertébrés supérieurs.

Notre intention n'est point d'entrer dans de longs détails sur l'histoire des poissons. Ces détails pourraient paraître fastidieux à un grand nombre de personnes; nous nous bornerons simplement à faire connaître les espèces les plus remarquables.

LES MULLES

Les mulles se distinguent facilement par les deux longs barbillons suspendus sous la mâchoire inférieure. Ces poissons sont propres aux mers d'Europe et sont appelés vulgairement *rougets-barbets*. Leur chair est délicieuse, et ce sont des poissons célèbres par le plaisir puéril que les Romains prenaient à voir les changements de couleur qu'ils présentent en mourant. Pour mieux jouir de ce spectacle et pour être bien certains d'avoir ces poissons les plus frais possible, ils les faisaient venir dans de petites rigoles jusque sur les tables où l'on mangeait, et les faisaient mourir dans des vases de verre, que les convives se passaient de main en main. Cette passion pour les mulles fut portée au point de faire payer à des prix exorbitants celles qui dépassaient la taille ordinaire. Sénèque raconte l'histoire d'une mulle pesant quatre livres et demie (deux kilogrammes vingt-cinq décagrammes), qui fut présentée à Tibère, et que ce prince, ridiculement économe, fit vendre au marché; Apicius et Octavius se la disputèrent, et ce dernier l'emporta au prix de cinq mille sesterces, qui dans ce temps-là valaient 974 francs de notre monnaie. Pline parle d'un de ces poissons qui, du temps de Caligula, fut acheté par Asinius Celer pour huit mille sesterces (1,558 francs), et Suétone nous apprend que sous Tibère trois mulles d'une grande taille furent payées trente mille sesterces (5,844 fr.).

Nous possédons dans nos mers deux espèces de mulles : la plus estimée est le *rouget proprement dit,* qui est d'un rouge vif; la seconde est le *surmulet,* qui atteint une plus grande taille, mais qui est moins recherché.

DACTYLOPTÈRES, OU POISSONS VOLANTS

Parmi les traits remarquables qui distinguent ce grand poisson volant et les autres qui jouissent de la même faculté, il faut examiner spécialement les dimensions de ses nageoires pectorales. Elles sont assez étendues pour qu'on ait pu les distinguer sous le nom d'*ailes*; ces instruments de natation, et principalement de vol, sont composés d'une large membrane soutenue par de longs rayons articulés que l'on a comparés à des doigts; comme les rayons des pectorales de tous les poissons, les ailes du dactyloptère ont beaucoup de rapport dans leur conformation avec celles des chauves-souris, dont on leur a donné le nom dans quelques contrées : on les appelle encore quelquefois *faucons de mer, hirondelles de mer,* etc.

Lorsque le dactyloptère est poursuivi par ses ennemis au milieu des flots, il s'élance avec force hors de leur sein, se soutient quelque temps en l'air en frappant l'atmosphère de ses larges membranes, et s'en va retomber à une grande distance de son point de départ. Il traverserait dans l'atmosphère des espaces bien plus considérables encore, si la membrane de ses ailes pouvait conserver sa souplesse au milieu de l'air chaud et quelquefois brûlant des contrées où il se trouve; mais le fluide qu'il traverse a bientôt desséché ses ailes membraneuses, et rendu leurs mouvements très difficiles et très pénibles. Alors le dactyloptère, perdant sa faculté distinctive, tombe vers les eaux au-dessus desquelles il s'était soutenu, et ne peut plus s'élancer de nouveau dans l'atmosphère que quand il a plongé ses ailes dans une eau réparatrice.

Les dactyloptères usent d'autant plus souvent du pouvoir de voler qui leur a été départi, qu'ils sont poursuivis dans le sein des eaux par un grand nombre d'ennemis : plusieurs gros poissons voraces, tels que les scombes et les dorades, cherchent à les dévorer ; et telle est la malheureuse destinée de ces animaux qui, poissons et oiseaux, sembleraient avoir un double asile, qu'ils n'échappent aux périls de la mer que pour être exposés à ceux de l'atmosphère, et qu'ils n'évitent la dent des habitants des eaux que pour être saisis par le redoutable bec des frégates, des mouettes et de plusieurs autres oiseaux marins.

On rencontre ces poissons dans la Méditerranée et dans presque toutes les mers des climats tempérés ; mais c'est principalement auprès des tropiques qu'ils vivent en grand nombre.

LES MAQUEREAUX

Les maquereaux appartiennent à la division des scombéroïdes, et se distinguent parce que tout leur corps est couvert de petites écailles fines et lisses.

Le *maquereau vulgaire* ou *commun* est un poisson de passage sur nos côtes ; sa pêche est très productive, et donne lieu à des salaisons et à des envois presque aussi considérables que les harengs. Comme ces poissons paraissent sur les côtes de nos mers à des époques invariables, on a débité plusieurs fables pour expliquer ces migrations fixes et périodiques. On a dit que les maquereaux passaient l'hiver dans les mers du Nord, et qu'ils en descendaient au commencement du printemps pour trouver le long des rivages une nourriture plus abondante et des endroits plus favorables pour y déposer leur frai. Cette opinion ne s'appuie pas sur des données assez

Le maquereau.

certaines, et il paraît beaucoup plus vraisemblable que les maquereaux vivent ordinairement au fond des eaux, et qu'à certaines époques leurs légions innombrables sont appelées vers les rivages par les deux raisons que nous venons d'indiquer précédemment. Quoi qu'il en soit, les pêcheurs en saisissent un très grand nombre, qui se consomment ensuite dans les pays plus éloignés dans les terres. Ce poisson a une chair plus délicate que celle du hareng, et est en général plus recherché.

LE THON

Le thon ressemble assez au maquereau par la forme générale de son corps ; mais il est moins allongé et atteint une taille bien plus considérable : en général, sa longueur est de un mètre à un mètre trente-trois centimètres ; mais il paraît que quelquefois il a plus de cinq mètres. On assure que sur les côtes de Sardaigne il n'est pas rare d'en prendre dont le poids s'élève à plus de cinq cents kilogrammes ; ceux de cinquante à cent cinquante kilogammes n'y sont appelés que des demi-thons ; enfin un auteur qui a fait une histoire naturelle de cette île assure qu'on en a vu de neuf cents kilogrammes.

Les attributs qu'ils ont reçus de la nature leur donnent une grande prééminence sur le plus grand nombre des autres poissons. C'est presque toujours à la surface des eaux qu'ils se livrent au repos, ou qu'ils s'abandonnent à l'action des diverses causes qui peuvent les déterminer à se mouvoir. On les voit, réunis en troupes très nombreuses, bondir avec agilité, s'élancer avec force, cingler avec la vélocité d'une flèche. La vivacité avec laquelle ils échappent, pour ainsi dire, à l'œil de l'observateur, est principalement produite par une queue très longue, qui frappe l'onde salée par une face très étendue, ainsi que par une nageoire très large ; cette queue est

animée par des muscles vigoureux et soutenue
de chaque côté par un cartilage qui accroît son
énergie.

Ce poisson se montre quelquefois dans l'Océan ;

Le thon.

mais c'est surtout dans la Méditerranée qu'il abonde.
On lui a fait, depuis les temps les plus anciens,
une chasse très active, et, de nos jours, cette chasse
donne des produits très considérables, et exerce
l'industrie d'un grand nombre de pêcheurs.

LES CYPRINS

La tribu des cyprins se distingue par ses mâchoires dépourvues de dents, et des ouïes soutenues

La carpe.

seulement par trois rayons plats. Ce sont des poissons d'eau douce peu carnassiers, qui vivent en grande partie de graines, de plantes aquatiques et même de limon. Les animaux les plus remarquables de cette tribu sont : les *carpes*, les *barbeaux*, les *goujons*, les *tanches*, les *brèmes*, les *ables* ou *ablettes*.

La *carpe* habite les lacs, les étangs, les rivières ; de la nature des eaux ou des aliments dépend le plus ou moins de délicatesse de sa chair. Les carpes peuvent atteindre une taille très considérable ; on en a vu qui pesaient jusqu'à vingt-cinq à trente kilogrammes. Ce poisson, dit-on, est si fin et si rusé, qu'on le pêche difficilement, à moins de mettre la rivière à sec. A l'approche du filet, il enfonce sa tête dans la bourbe, laisse passer le filet et ne reparaît que lorsqu'il n'y a plus de danger. La reproduction est proportionnée à la destruction : on a trouvé dans le corps d'une carpe du poids de cinq kilogrammes jusqu'à sept cent mille œufs ; mais une grande partie de ces œufs et des petits qui en naissent deviennent la proie des poissons voraces.

Les *barbeaux* ressemblent à la carpe commune par plusieurs traits de leur conformation. Les épines et les barbillons ont beaucoup d'analogie ; mais les barbeaux ont les nageoires dorsale et anale fort courtes. Ces poissons ont une chair moins estimée et moins recherchée que celle des carpes.

Les *goujons* ne parviennent jamais à une taille moyenne ; leur longueur ne dépasse guère vingt et un centimètres. Ils vivent en grandes troupes dans toutes nos eaux douces ; mais dans l'hiver on les rencontre principalement dans les marais, les lacs, et toutes les eaux tranquilles. Ces petits poissons ont une chair assez délicate, surtout dans les premiers jours du printemps.

Les *tanches* ont encore des traits nombreux de ressemblance avec les précédents ; mais elles n'ont que de très petites écailles et des barbillons très courts. La *tanche vulgaire* est courte, grosse et d'une couleur brune, jaunâtre, et même dorée : elle se plaît surtout dans les eaux stagnantes.

Les *brèmes* n'ont ni rayons épineux ni barbillons; leur nageoire dorsale est courte et placée en arrière des ventrales. Nos eaux douces en nourrissent deux espèces : la *brème commune*, et la *bordelière* ou *petite brème,* moins estimée que la première.

Les *ables* sont de petits poissons très blancs et très répandus dans tous nos ruisseaux. L'*ablette* ou *able ordinaire* acquiert dix-huit à vingt et un centimètres de long, et se fait remarquer par ses écailles brillantes, qui se détachent aisément et qui sont argentées ou nacrées. On s'en sert, comme nous avons déjà eu occasion de le dire, pour faire l'*essence* des fausses perles. Une autre espèce de ce genre, le *véron,* est le plus petit de nos poissons.

LE BROCHET

Ce poisson est fort estimé sur nos tables; mais dans les étangs et les viviers il est très redoutable et cause de grands désordres. Il est très vorace et toujours affamé; il se précipite sur tous les poissons qui s'offrent à sa rencontre; on le voit encore se mettre en embuscade contre le courant de l'eau, prêt à fondre sur l'imprudent qui tentera le passage. C'est le fléau destructeur de tous ceux à qui la nature n'a pas donné d'armes offensives et défensives.

La croissance de ces poissons est rapide. Il n'est point rare, dans le nord de l'Europe, de trouver des brochets de un mètre trente à un mètre soixante centimètres de long et d'un poids fort considérable. Leur longévité paraît être très grande.

Le brochet.

LA MALAPTÉRURE ÉLECTRIQUE

De tous les poissons, celui-ci est peut-être le plus remarquable par les singulières propriétés qu'il a reçues de la nature. Linné l'avait nommé *silure électrique*, et les Arabes l'appellent *raash* ou *tonnerre*, parce qu'il donne à la main imprudente qui le touche d'assez violentes commotions électriques.

On a fait d'assez grandes recherches anatomiques pour connaître et décrire parfaitement l'organe qui est le siège de cette faculté si extraordinaire, et l'on n'est arrivé qu'à de simples conjectures. Il paraît, dit Cuvier, que le siège de cette faculté est un tissu particulier situé entre la peau et les muscles, et qui présente l'apparence d'un tissu cellulaire graisseux, abondamment pourvu de nerfs.

LE SAUMON

Ce poisson, d'une chair nourrissante et délicate, atteint quelquefois une taille assez considérable; il pèse jusqu'à quinze et vingt kilogrammes. Il habite tantôt les mers, tantôt les eaux douces, en remontant dans les fleuves et les rivières qui s'y déchargent. C'est un des plus beaux poissons que nos pêcheurs rencontrent quelquefois dans les rivières poissonneuses de la Touraine et d'autres provinces. Il est si fortement musclé, et possède des mouvements si énergiques, qu'il remonte contre le courant de l'eau avec la rapidité d'un trait, surtout lorsque les rivières sont enflées par l'abondance des pluies. C'est depuis le mois de novembre jusqu'au printemps que les saumons quittent la mer pour entrer dans les fleuves. Si, en nageant à la surface de l'eau, ils rencontrent une digue, ils s'élancent audelà, eût-elle deux mètres de haut. On en voit remonter de cette manière dans le Rhin, la Garonne, la Tamise et autres fleuves et rivières jusqu'à la distance de quatre cents kilomètres. Les saumons se nourrissent de vers, de petits poissons, et s'engraissent dans l'eau douce.

Le chair du saumon est très estimée, et dans certaines localités, dans les rivières du nord de l'Europe surtout, la pêche de ce poisson est une

Le saumon.

branche d'industrie des plus productives et des plus importantes.

La *truite de mer*, la *truite saumonée*, et la *truite commune* se rapprochent de la forme du saumon, et offrent à nos tables une nourriture assez délicate.

LES HARENGS

Tout le monde connaît le hareng commun, devenu célèbre par la pêche dont il est l'objet et par l'abondance qui en est répandue dans le commerce. Il fait sa demeure dans les mers du Nord, et arrive chaque année en légions innombrables sur diverses parties des côtes d'Europe, d'Asie et d'Amérique. Quelques ichtyologistes ont pensé que les harengs se retirent périodiquement sous les glaces des mers polaires, et qu'ils partent de là en immenses colonnes qui vont se répandre en diverses régions du globe. Cette opinion est loin d'être démontrée positivement, et quelques données sembleraient prouver le contraire. Les harengs viennent sur nos côtes déposer leurs œufs, et ensuite ils remontent dans les mers arctiques pour y trouver les petits mollusques et les petits crustacés qui forment leur nourriture. C'est au printemps qu'ils se rapprochent du rivage, et qu'ils viennent chercher des eaux plus chaudes et moins profondes. En général ces poissons arrivent dans les mêmes parages à un jour nommé, pour ainsi dire; quelquefois aussi des circonstances particulières les en éloignent pendant plusieurs années. Ils voyagent en nombre incalculable, et en formant des bancs serrés, qui couvrent quelquefois la surface de la mer, dans une étendue de plusieurs myriamètres et dans une épaisseur de plusieurs centaines de mètres. C'est alors qu'on en fait une pêche très avantageuse et qu'on en prend des quantités prodigieuses. Cette pêche emploie chaque année des flottes entières; et jadis elle était poursuivie avec encore plus d'activité.

Une autre espèce du genre des harengs donne

également lieu à des pêches importantes; c'est la *sardine*, célèbre par l'extrême délicatesse de sa chair. Elle habite l'océan Atlantique, la mer Baltique et la Méditerranée. Pendant l'hiver elle se tient dans les profondeurs de la mer; mais vers le mois de juin elle se rapproche des côtes, réunie en légions immenses. On a vu des bateaux prendre jusqu'à quarante et même jusqu'à cinquante mille de ces poissons. La pêche de la sardine se fait à peu près de la même manière que celle du hareng, mais avec des filets à mailles plus petites, et les pêcheurs, afin d'y attirer plus de poissons, ont soin d'y jeter un appât particulier.

Depuis l'embouchure de la Loire jusqu'à l'extrémité de la Bretagne, ce poisson abonde chaque été et donne lieu à des pêches très productives : aussi existe-t-il sur cette côte un grand nombre d'établissements appelés *presses*, dans lesquels on s'occupe de la salaison de la sardine.

LES MURÈNES

Les *murènes* ont le corps très allongé et en général ophimorphe ; elles ont des nageoires pectorales et par-dessous l'ouverture des branchies.

Les *murènes proprement dites* sont devenues très célèbres par les extravagances des Romains à leur égard. La *murène commune* atteint jusqu'à un mètre de long, et se trouve abondamment répandue dans la Méditerranée. Les Romains en élevaient un grand nombre dans leurs magnifiques viviers.

Les *anguilles communes* appartiennent à cette division : elles varient de couleur suivant une foule de circonstances extérieures. Elles sont très voraces et d'une agilité extrême : elles nagent également bien en avant et en arrière, et leur peau, couverte d'une mucosité visqueuse, est si glissante, qu'il est

L'anguille électrique.

très difficile de la saisir. Quand la saison est très chaude et que l'eau stagnante des étangs commence à se corrompre, les anguilles quittent le fond et se cachent sous les herbes du rivage, et même se mettent en voyage pour aller, à travers les terres, chercher une demeure plus favorable. C'est ordinairement pendant la nuit qu'elles font ces voyages singuliers; et quand la sécheresse est extrême, elles s'enfoncent dans la vase pour y rester enfouies jusqu'à ce que l'eau soit revenue. On a vu de ces animaux passer ainsi, privés d'eau, un temps assez long, et reprendre leur agilité quand leur élément leur était rendu.

La *gymnote* ou *anguille électrique* a le corps allongé comme les précédents, mais s'en distingue par une faculté bien extraordinaire, qu'elle partage avec le malaptérure électrique. Ce poisson atteint de un mètre soixante centimètres à deux mètres de long, et décharge à volonté, et dans la direction qui lui plaît, de violentes commotions électriques, assez fortes pour terrasser un homme et les animaux les plus vigoureux, comme le bœuf et le cheval.

LES COFFRES

Les coffres ont dans la structure de leurs téguments une particularité que nous ne voulons pas passer sous silence. Les écailles se soudent, se solidifient, et donnent naissance à de véritables plaques cornées d'une dureté et d'une résistance à toute épreuve. Quelques autres écailles subissent une altération peut-être encore plus profonde en se raidissant en piquants et en épines mobiles au gré de l'animal. Les coffres sont donc munis ainsi d'une cuirasse protectrice contre les agressions de leurs ennemis, et vivent à l'abri de leurs attaques, ordinairement dans les mers chaudes voisines de l'équateur.

LES REQUINS

Le formidable requin parvient jusqu'à une longueur de dix mètres, et pèse quelquefois plus de 500 kilog. Mais la grandeur n'est pas son seul attribut; il a reçu aussi la force des armes meurtrières : féroce autant que vorace, impétueux dans ses mouvements, avide de sang et insatiable de proie, il est véritablement le tigre de la mer. Recherchant sans crainte tout ennemi, poursuivant avec plus d'obstination, attaquant avec plus de rage, combattant avec plus d'acharnement que les autres habitants des eaux, rapide dans sa course, répandu dans tous les climats, ayant envahi, pour ainsi dire, toutes les mers, paraissant souvent au milieu des tempêtes, aperçu facilement par l'éclat phosphorique dont il brille au milieu des ombres des nuits les plus orageuses, menaçant de sa gueule énorme et dévorante les infortunés navigateurs exposés aux horreurs du naufrage, leur fermant toute voie de salut, leur montrant, pour ainsi dire, leur tombe ouverte, et plaçant sous leurs yeux le signal de la destruction, il n'est pas étonnant qu'il ait reçu le nom sinistre qu'il porte, et qu'il réveille le souvenir de la mort. Le *requin* vient par corruption du mot latin *requiem*.

Le corps du requin est très allongé, et la peau qui le recouvre est garnie de petits tubercules très serrés les uns contre les autres. Comme cette peau tuberculée est très dure, on l'emploie dans les arts à polir différents ouvrages de bois et d'ivoire; on s'en sert aussi pour faire des liens et des courroies, ainsi que pour couvrir des étuis et d'autres meubles ; la peau du requin porte ordinairement dans le commerce le nom de *peau de chien de mer* ou *peau de chagrin*. La dureté de cette peau est très utile au requin, et sert à le protéger contre la morsure de

Le requin.

plusieurs animaux assez forts et armés de dents meurtrières.

L'énorme gueule du requin est garnie d'une sextuple rangée de dents tranchantes, blanches comme de l'ivoire, et mobiles au gré de l'animal.

LES RAIES

Les raies forment une nombreuse tribu facile à reconnaître à la forme orbiculaire du corps et aux nageoires ordinairement très développées. Nos mers nourrissent quelques espèces de raies recherchées par la bonté et la légèreté de leur chair. La plus commune est la *raie bouclée*, ainsi nommée à cause de gros tubercules, garnis chacun d'un aiguillon recourbé, qui hérissent irrégulièrement les deux surfaces de son corps.

FIN

TABLE

—o§§o—

HISTOIRE NATURELLE DES OISEAUX

Ier ORDRE DES OISEAUX.

IIe ORDRE DES OISEAUX.

IIIᵉ ORDRE DES OISEAUX.

IVᵉ ORDRE DES OISEAUX.

Vᵉ ORDRE DES OISEAUX.

VIᵉ ORDRE DES OISEAUX.

HISTOIRE NATURELLE DES REPTILES

Ier ORDRE DES REPTILES.

IIe ORDRE DES REPTILES.

ORDRE DES REPTILES.

IVe ORDRE DES REPTILES.

HISTOIRE NATURELLE DES POISSONS

8903. — Tours, impr. MAME.

www.ingramcontent.com/pod-product-compliance
Lightning Source LLC
Chambersburg PA
CBHW070247200326
41518CB00010B/1719